国家自然科学基金青年科学基金项目(20801022)资助
国家自然科学基金河南联合基金项目(U1804156)资助
中国博士后科学基金面上项目(2018M632775)资助
河南省高等学校重点科研项目(18A150005、18A620002)资助

新型咔唑取代卟啉配合物研究

王彬彬　著

中国矿业大学出版社
·徐州·

内 容 简 介

本书以 5,10,15,20-四-(4-羟基苯基)卟啉为原料,合成了未见文献报道的 5,10,15,20-四-[4-(N-咔唑)丁烷氧苯基]卟啉(P),并制备了 10 种不同的金属配合物。采用核磁共振氢谱、飞行时间质谱、紫外-可见吸收光谱、红外光谱、拉曼光谱和元素分析等对化合物进行了表征,并研究了其荧光性质、表面光电压性质。

图书在版编目(C I P)数据

新型咔唑取代卟啉配合物研究/王彬彬著
. 一徐州:中国矿业大学出版社,2020.6
ISBN 978 - 7 - 5646 - 4661 - 5

Ⅰ. ①新… Ⅱ. ①王… Ⅲ. ①咔唑—研究
Ⅳ. ①O626.13

中国版本图书馆 CIP 数据核字(2020)第 066797 号

书　　名	新型咔唑取代卟啉配合物研究
著　　者	王彬彬
责任编辑	周　红
出版发行	中国矿业大学出版社有限责任公司
	(江苏省徐州市解放南路　邮编 221008)
营销热线	(0516)83884103　83885105
出版服务	(0516)83995789　83884920
网　　址	http://www.cumtp.com　E-mail:cumtpvip@cumtp.com
印　　刷	虎彩印艺股份有限公司
开　　本	787 mm×960 mm　1/16　印张 6.5　字数 120 千字
版次印次	2020 年 6 月第 1 版　2020 年 6 月第 1 次印刷
定　　价	39.00 元

(图书出现印装质量问题,本社负责调换)

前　言

卟啉是具有 18 个 π 电子大环共轭结构的化合物,具有良好的性质。近年来,越来越多的科学工作者对卟啉类物质开展了深入细致的研究,成果卓著。卟啉类物质广泛地应用在材料科学、医学、分析化学、高分子化学、地球化学和生物化学等领域。

近几十年来,传感器和传感技术发展极为迅速,应用也十分广泛,其中光学氧传感器具有高灵敏度、高选择性的特点,逐渐成为研究的热点。以卟啉过渡金属配合物和介孔分子筛组成的光学氧传感材料由于具有诸多优点,具有潜在的开发应用价值。

本书主要内容如下:

(1) 采用 Adler-Longo 法,将 4-羟基苯甲醛和吡咯在酸性条件下合成 5,10,15,20-四-(4-羟基苯基)卟啉,后与 N-(4-溴丁基)咔唑反应合成 5,10,15,20-四-[4-(N-咔唑)丁烷氧苯基]卟啉,利用柱色谱进行分离提纯,得到纯物质卟啉配体 P。改变溶剂的种类和反应温度等反应条件使卟啉配体金属化,共合成了 10 个未见文献报道的新化合物,其中卟啉过渡金属配合物 6 种,卟啉稀土金属配合物 4 种。采用核磁共振氢谱、飞行时间质谱、紫外-可见吸收光谱、红外光谱、拉曼光谱和元素分析等对化合物进行了表征,确定得到的化合物即目标产物。

(2) 对卟啉及其金属配合物的荧光性质和表面光电压性质进行了研究。本书首先研究了卟啉及其金属配合物的荧光光谱,并计算得到了它们在室温下的荧光量子效率。

（3）分别以卟啉铂配合物和卟啉钯配合物作为氧气传感分子，介孔分子筛 MCM-41 作为载体，采用物理掺杂的方法将传感分子组装到 MCM-41 中形成组装体。

（4）分别以卟啉铂配合物和卟啉钯配合物作为氧气传感分子，利用介孔分子筛 SBA-15 作为载体，采用物理掺杂的方法将传感分子与 SBA-15 进行组装形成组装体。

本书中的研究工作得到了国家自然科学基金青年科学基金项目（20801022）、国家自然科学基金河南联合基金项目（U1804156）、中国博士后科学基金面上项目（2018M632775）、河南省高等学校重点科研项目（18A150005、18A620002）等的资助，在此表示感谢。

本书是笔者在博士论文基础上完善而成的，成书过程离不开笔者导师师同顺教授的悉心指导与帮助，在此，向师老师表示最诚挚的谢意。

笔者在撰写本书过程中虽然尽了最大努力，但受水平所限，书中仍可能有不当之处，敬请读者批评指正。

著 者
2019 年 8 月于河南理工大学

目 录

1　绪　　论

卟啉是卟吩外环带有取代基的一系列同系物和衍生物的总称,同时,卟啉分子的结构中含有 18 个 π 电子,金属原子取代卟啉共轭大环中心氮原子上的氢即生成金属卟啉[1-2]。在自然界中,叶绿体中的叶绿素、血红细胞中的血红素、维生素的成员维生素 B_{12} 都是天然的金属卟啉类化合物,它们在生命中起着十分重要的作用[3],在氧的传递、贮存、活化、电子传递和光合作用等生命过程中发挥着核心作用。

卟啉化学诞生于一百余年前,一个多世纪以来,众多研究者致力于卟啉化合物的结构、合成、性质和功能等方面的研究,并迅速将研究成果转化为应用。卟啉化合物在传感器、光信息存储、发光材料、非线性光学材料、能量捕获和传递、催化剂、显色剂、抗癌药物等领域具有广阔的应用前景,成为很有应用前途的功能材料[4-9]。

1.1　卟啉及金属卟啉的简介和应用

1.1.1　卟啉化合物的命名和结构特征

卟啉分子的基本结构是卟吩环,卟吩由含有 18 个 π 电子的平面型分子构成,分子中四个吡咯环通过亚甲基连接起来,是高度共轭的芳香体系。卟啉的分子结构在 B 环和 D 环有两个环外双键,如图 1-1 所示。金属原子取代其中心氢原子即形成卟啉金属配合物,如图 1-2 所示。

根据卟啉分子上被取代位置的不同其分为 β-取代卟啉和 meso-取代卟啉(图 1-3),卟啉的命名编号方法分为费舍尔法(图 1-4)和 IUPAC 法(图 1-5)。

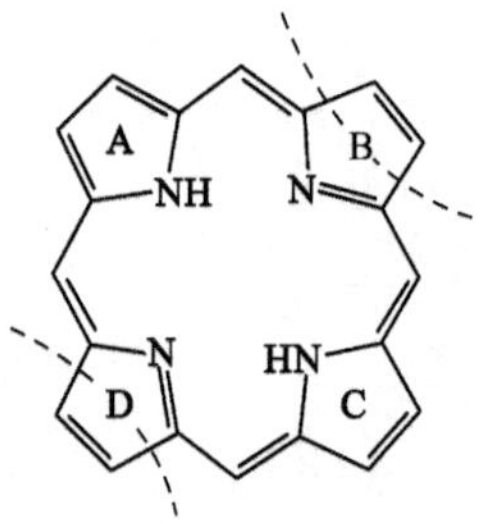

图 1-1　卟啉分子

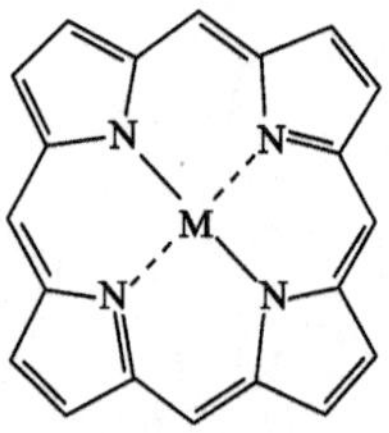

图 1-2　卟啉金属配合物

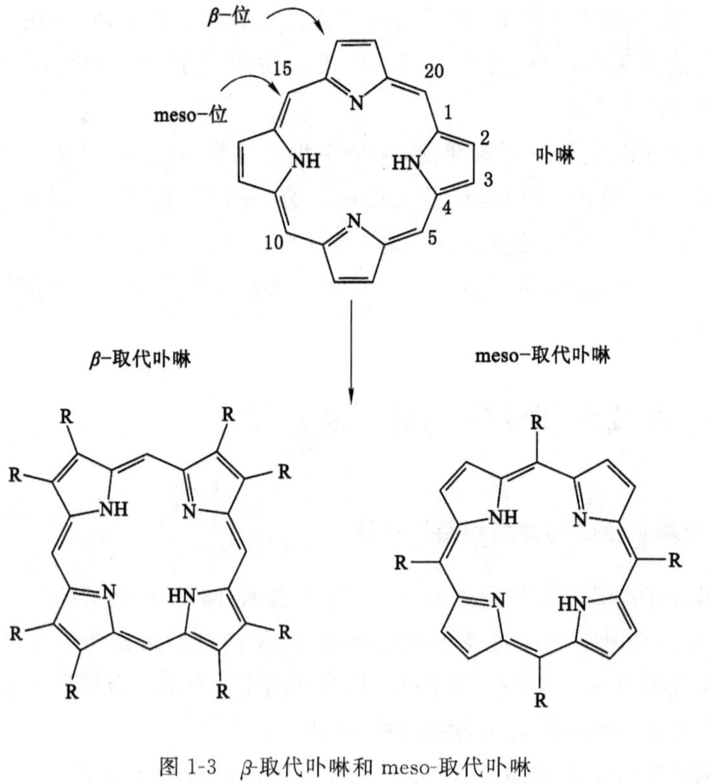

图 1-3　β-取代卟啉和 meso-取代卟啉

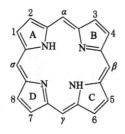

图 1-4 卟啉的费舍尔命名法　　　　　图 1-5 卟啉的 IUPAC 命名法

1.1.2 卟啉及卟啉金属的应用

卟啉类化合物广泛地应用于材料科学、医学、分析化学、高分子化学、地球化学和生物化学等领域。同时,卟啉聚合物的合成,卟啉光化学和光物理性质的研究及应用,卟啉的光电功能材料及器件的研究进展十分迅速,逐渐成为现代卟啉化学研究的最前沿。

1.1.2.1 在材料科学方面的应用

由于卟啉类化合物具有较高的能量和电荷转移效率、良好的光和热稳定性及较快的光电响应速度等特点,利用卟啉类化合物组装的功能器件层出不穷,例如,利用卟啉分子设计组装的一系列分子光电器件[10-12]、有机电致发光器件[13]、有机光存储器件[14]以及有机光伏器件[15]等被陆续报道,展示了其潜在的巨大应用前景。

（1）分子光电器件

利用在受体和给体之间发生的能量转移和光致电荷转移设计合成的分子逻辑门、分子开关、分子导线等分子光电器件已成为令人关注的热点。

M. P. O'Neil 等[16]合成了给体（D—A—D）型化合物（图 1-6）,分子中间的苝四羧酸二酰亚胺分子为电荷受体,两端的卟啉分子（HP）为电荷给体。该化合物在低光强度下形成单光子还原离子,在高光强度下则形成双光子还原离子,其光物理行为已构成了一个光控开关。这种分子开关的转换机理是电荷转移,优于以结构变化为转换机理的分子开关,在响应速度、抗疲劳和光稳定性等方面都更加出色。

D. Gosztola 等[17]报道了电子给体—受体—受体—给体（D$_1$—A$_1$—A$_2$—D$_2$）型分子阵列（图 1-7）,其原理是利用可以光控的给体—受体离子对（D$_1$—

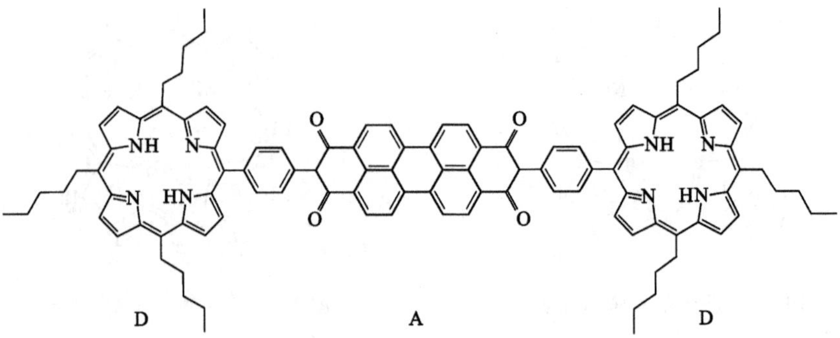

图 1-6　D—A—D分子开关的结构

A_1）产生的光生电场来控制另一受体—给体离子对（A_2—D_2）的复合速率和光致电荷转移。与传统的利用外电场来控制电荷转移的分子开关相比,这类含卟啉（D_2）的分子开关具有受外电场的影响小、响应速度快、光生电场的强度大等优点,具有无可比拟的优势。

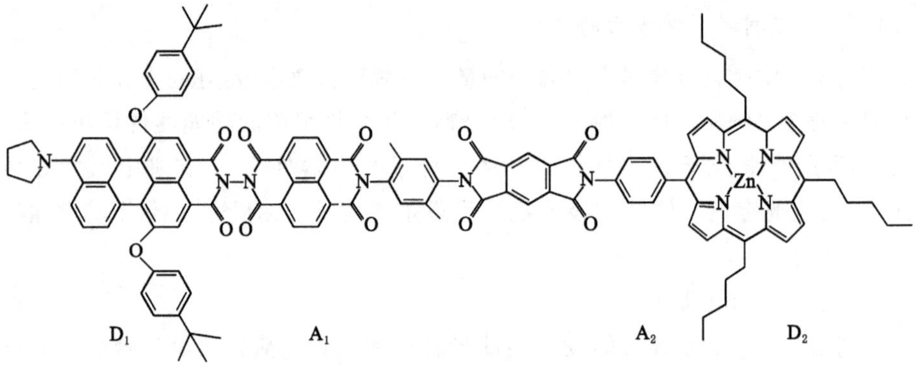

图 1-7　D_1—A_1—A_2—D_2分子开关的结构

（2）有机电致发光器件

近年来,科研人员越来越多地关注卟啉类化合物优异的光电特性,如饱和的红光发射、狭窄的半峰宽等。利用小分子卟啉化合物进行物理掺杂或在高分子聚合物链中引入卟啉基团已成为研究有机电致发光材料的首选。

卟啉化合物用于制备有机电致发光器件始于 20 世纪 80 年代末。1996 年,P. E. Burrows 研究小组[18]报道了利用在八羟基喹啉铝中掺杂四苯基卟啉的方法制备发光亮度为 42 cd/m^2、发光效率为 0.07% 的红光发射器件。1998 年，S. R. Forrest 研究小组[19]将八乙基卟啉铂掺杂于八羟基喹啉铝中制备了发光亮度为 100 cd/m^2、外量子效率为 4% 的红光发射器件。T. Virgili 研究小组[20]在发蓝光的聚合物 PFO 中掺杂四苯基卟啉制备了电致发光器件，不仅实现了窄带发射，而且通过调节四苯基卟啉的掺杂浓度实现了多种不同颜色光的发射。2009 年，A. Hagfeldt[21]报道了连有咔唑基团的树枝状卟啉化合物，亮度为 8 cd/m^2。此外，D. G. Lidzey 研究小组[22]制备了一种有机半导体，是利用在光学微腔中四-(2,6-叔丁基)苯酚-卟啉锌产生的强激子和光子耦合作用制备的。卟啉化合物由于具有良好光致发光效率，被广泛应用于有机电致发光器件的制备中，大大促进了有机电致发光器件的发展。

（3）有机光存储器件

由于卟啉具有特殊的光电特性，可以通过在卟啉分子上引入功能基团的设计制备新型的光存储器件。C. Y. Liu 等[23]利用光导材料卟啉锌配合物组装成三明治型光存储器件。2001 年，T. B. Norsten 等[24]报道了一种新型的光存储材料，该光存储材料是利用卟啉钌配位的 1,2-二噻吩乙烯吡啶衍生物制备的，可作为可擦写式的激光光盘材料。

（4）有机光伏器件

由于煤、石油等常规能源逐渐枯竭，太阳能等可再生资源的利用引起人们的广泛重视，同时太阳能又是一种清洁能源，不会造成环境污染。太阳能电池是一种开发、利用太阳能的重要方式，是有机光伏器件的一种，近年来被广泛研究。在制备有机光伏器件中，寻找良好的电子给体和受体材料是至关重要的环节，卟啉类化合物作为一种良好的电子给体材料和光敏剂，在紫外光区和可见光区具有非常广泛的吸收，可以有效地将太阳能转化为电能，作为太阳能电池具有广阔的应用前景。T. Hasobe 等[25]以 C_{60} 和卟啉分子为原料，自组装成有机太阳能电池(图 1-8)。

1.1.2.2 在医学上的应用

研究表明卟啉分子的大 π 共轭结构在 630 nm 以上的可见光区有强吸收，同时卟啉类化合物不仅能吸收可见光，而且对光具有很好的灵敏性，可以用来制备光动力疗法药物，具有很好的应用前景。

光动力疗法简称 PDT，是一种治疗癌症的新方法[26-28]，其作用机理[29]如图 1-9 所示。对于那些采用传统治疗方法无效的肿瘤，采用光动力疗法则比较有

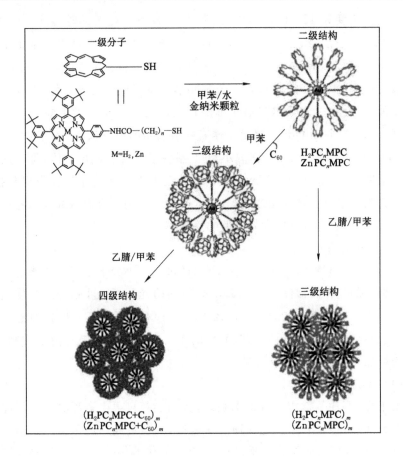

图 1-8　新型有机太阳能电池

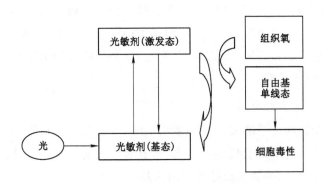

图 1-9　光动力疗法的作用机理

效,该方法对某些肿瘤的控制率好于传统疗法(如手术、化疗)。光动力疗法具有很多优点[30,31]:对肿瘤细胞有组织特异性和相对的选择性;治疗效果快,48～72 h 即可起作用;处置方便,不影响其他治疗,所有接受光动力疗法治疗的患者均可同时接受传统治疗;副作用小,毒性低,不会引起免疫抑制和骨髓抑制;无药物耐受性,可做多个疗程。

1.1.2.3 在分析化学上的应用

由于卟啉分子灵敏度高、稳定性好,在光谱分析化学中,卟啉是一类测定金属离子的有机显色剂[32]。1974 年,青村和夫等以 meso-四苯基卟啉三磺酸作为光敏剂测定痕量铜,该方法显示了极高的灵敏度,引起人们的普遍重视。此后,卟啉类试剂在光谱分析领域得到了较快发展,国内陆续报道了相关测定贵金属的论文[33-34]。

卟啉在电化学分析中的应用主要体现在生命科学领域,卟啉类化合物具有明显的电化学活性,例如利用卟啉类化合物制备的电化学传感器和电化学生物传感器[35,36]。电化学分析法的优点是灵敏度高、操作容易、工艺简单、价格低廉。

1.1.2.4 在高分子化学上的应用

卟啉聚合物的合成和金属卟啉催化聚合是卟啉类化合物在高分子化学领域应用的两个方向。在卟啉聚合物的合成领域,L. J. Twyman[37] 和 K. Inoue[38] 合成了由四苯基卟啉衍生化得到的星型卟啉高分子聚合物(图 1-10)。结构紧凑、链段密度高的星型聚合物成膜性良好,在药物传输、流体分散和增强等方面有广泛的应用。

同时,利用金属卟啉化合物在高分子催化材料的制备领域也受到研究者的关注。在金属卟啉化合物的引发催化下,环氧化合物、丙烯酸甲酯等单体能够发生无终止的阴离子聚合反应。四苯基卟啉氯化铝体系可以引发二氧化碳、酸酐等物质进行聚合形成聚合物。

1.1.2.5 在地球化学上的应用

在古代沉积物中,石油卟啉类化合物得以基本完整地保存,人们称之为生物标志物,其中以镍、氧钒络合物存在的形式居多,称之为分子化石。在石油成熟的过程中,石油卟啉的平均碳原子数和彼此间的比例会发生变化,通过对石油卟啉的组成和含量进行分析,可以获得有效的地球化学信息[40]。

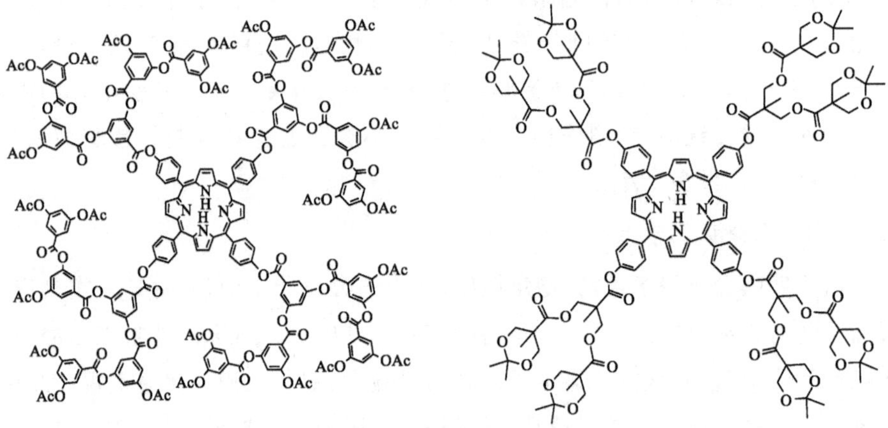

图 1-10　星型卟啉高分子聚合物

1.1.2.6　在生物化学上的应用

由于天然卟啉分子卟啉镁是叶绿素反应的活性部分,其具有非常高的催化活性,因此,卟啉类化合物在人工模拟光合作用和光捕获方面引起人们的关注[41-42]。在人工模拟光合作用方面,研究卟啉和醌类体系的比较多。T. A. Moore等[43]利用带有卟啉基团的化合物在可见光的照射下实现了有效的电荷分离。

分子识别是卟啉类化合物在生物化学中应用的另一个研究方向。由于卟啉分子具有比较大的表面、种类繁多,且可以控制卟啉刚性大环周边一些官能团的位置和方向,基于此,可利用卟啉金属配合物对多种有机分子或生物分子进行识别。例如:由于具备氧化活性的卟啉金属配合物中间体易聚集在肿瘤细胞中,卟啉金属配合物广泛地应用于核酸定位断裂研究中[44];由于卟啉金属配合物可以与氨基酸组成主客体分子,利用该特点可进行含氮小分子的识别;由于卟啉金属配合物还可以与DNA结合,故其可作为DNA定位断裂剂[45]。

1.2　卟啉及卟啉金属配合物的合成

1936 年,罗特蒙特等合成了第一种卟啉分子——四苯基卟啉。几十年来,人们陆续合成了数量和种类繁多的卟啉衍生物,并发明了许多合成卟啉的方法。1978 年,《卟啉》系列丛书介绍了卟啉系列衍生物的合成方法[46]。2000 年,S. Shanmugathasan 等[47]更加全面地归纳和总结了各种卟啉类化合物的合成方法。

1.2.1　卟啉的合成

1.2.1.1　Adler-Longo 合成法

Adler-Longo 合成法是合成卟啉最常用的方法。1964 年,A. D. Adler 以苯甲醛和吡咯为原料,通过改变温度、反应时间和溶剂等条件,提出了合成卟啉的反应机理(图 1-11)[48]:

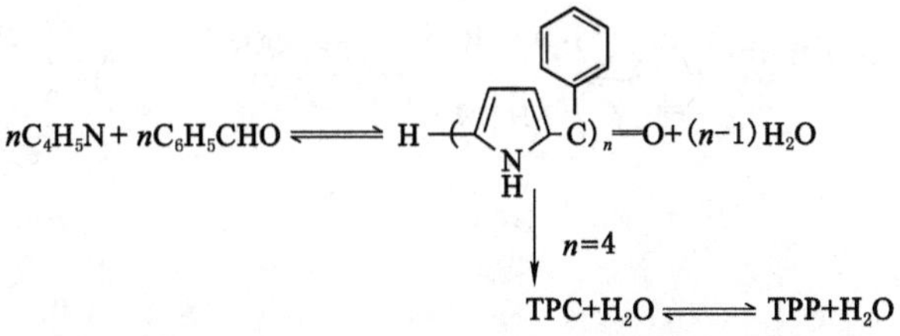

图 1-11　Adler-Longo 法合成卟啉的反应机理

1967 年,A. D. Adler 和 F. R. Longo[49]采用丙酸为溶剂,将苯甲醛和吡咯回流,反应时间为 30 min,成功合成出卟啉,产率高达 20%,该法称为 Adler-Longo 合成法。该方法操作简单,转化率高,近 70 种取代苯甲醛都可用于该反应合成卟啉。Adler-Longo 合成法是目前合成卟啉最常用的方法之一,反应式见图 1-12。

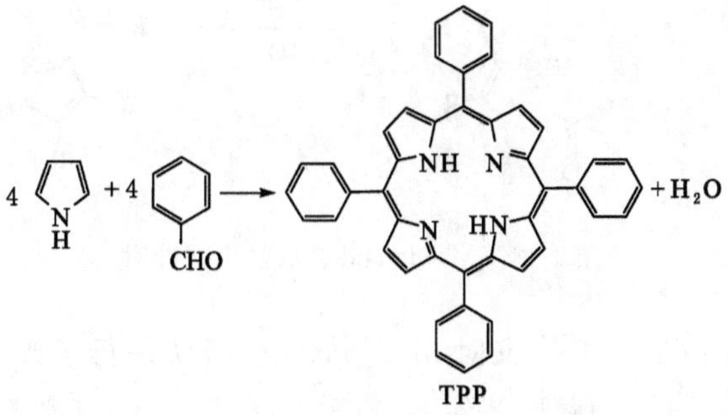

图 1-12　Adler-Longo 合成法合成卟啉

1.2.1.2 Lindsey 合成法

J. S. Lindsey 提出了制备卟啉衍生物的新方法,在酸性条件下,首先使吡咯、苯甲醛和四苯基卟啉原达到化学平衡,然后将卟啉原氧化为卟啉,该法称为 Lindsey 合成法[50](图 1-13)。Linsey 合成法和 Adler-Longo 合成法相比较,具有允许含敏感基团的芳醛做原料、纯化简便、产率更高等优点;Lindsey 合成法的缺点是对反应原料的浓度要求苛刻,浓度必须比较低,如吡咯浓度不得大于 0.01 mol/L,不适合进行大量产品的合成。

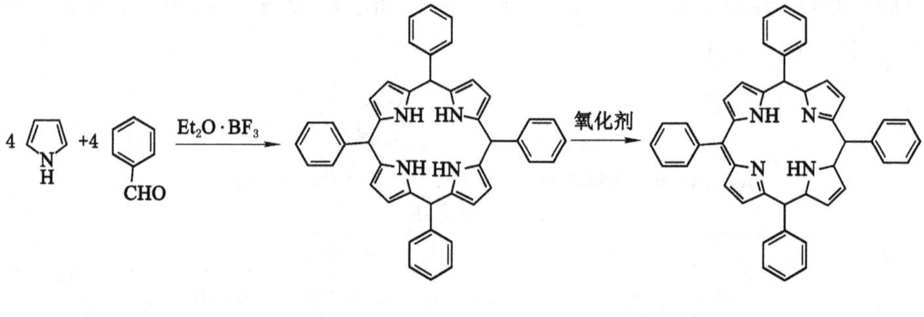

图 1-13 Lindesy 法合成卟啉

1.2.1.3 Macdonald 合成法

1960 年,S. F. Macdonald 等[51]首次合成了中位具有四个不同取代芳基的卟啉和具有双重对称轴的四苯基卟啉(图 1-14)。

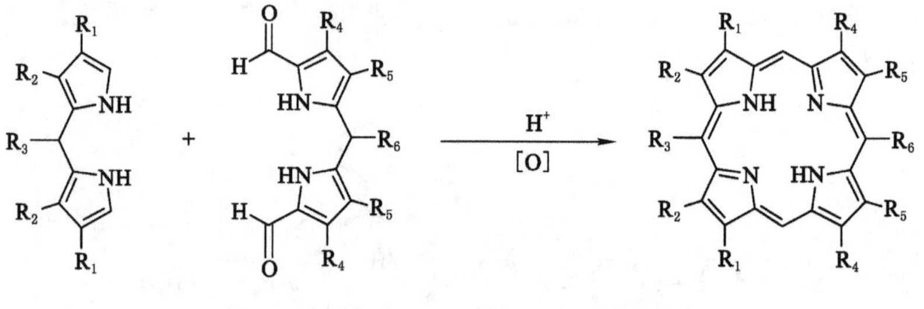

图 1-14 Macdonald 合成法合成卟啉

后来,J. S. Lindsey 等[52]又对 Macdonald 合成法进行了改进。由于反应物在物质的量比为 1:1 的酸性条件下,副产物反式-A_2B_2 和顺式-A_2B_2 很难分离提纯,J. S. Lindsey 研究发现当 5-芳基吡咯甲烷的苯基上有立体阻碍时,合成的卟啉副产物较少;没有立体阻碍时,副产物较多。由此,他提出了一条合成反式-卟啉的简易方法(图1-15)[53]。

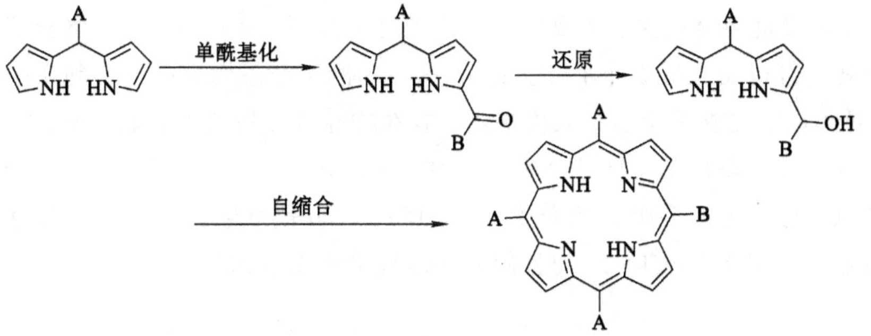

图 1-15　改进的 Macdonald 合成法合成反式-卟啉

1.2.1.4 ［3＋1］合成法

［3＋1］合成法[54]利用三吡咯和二甲醛基吡咯反应来制备卟啉(图 1-16)。

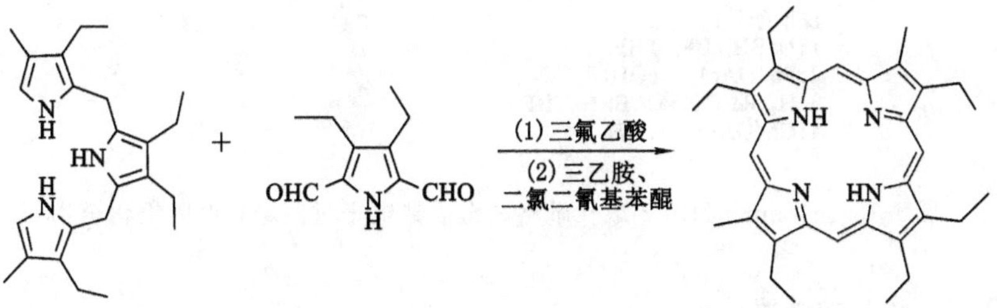

图 1-16　［3＋1］合成法合成卟啉

［3＋1］合成法主要用于合成结构复杂的卟啉,比如芳香环扩展的卟啉、氧杂卟啉、硫杂卟啉等。M. Momenteau 等[55]利用［3＋1］合成法合成了在一个吡咯环上连有两个丙烯酸基团的卟啉(图 1-17),产率可达 33％。

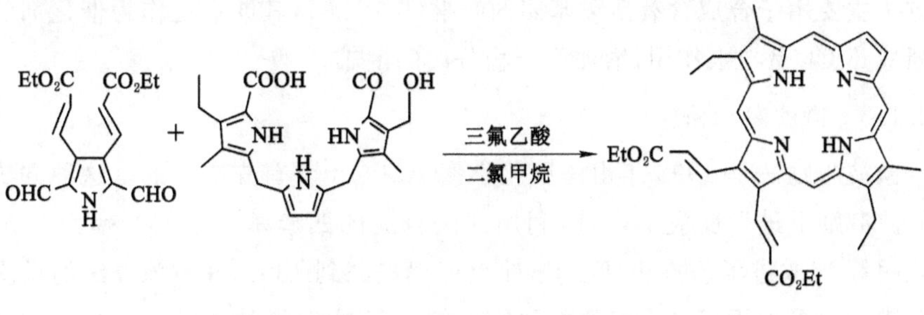

图 1-17　Momenteau 利用［3＋1］合成法合成卟啉

1.2.1.5 2-取代吡咯合成法

2-取代吡咯合成法要求反应在酸性条件下进行，四个 2-取代吡咯分子通过头尾相连进行缩合形成卟啉环。该方法要求吡咯的 2-位或 5-位必须有一个甲基，剩余的 2-位或 5-位没有取代基或者有在酸性条件易消去的取代基。该方法用于合成 β-位取代基不同的卟啉衍生物。M. Homma 等[56]利用该方法合成出了缺电子过渡金属卟啉铜化合物(图 1-18)。2-取代吡咯合成法的局限性是不能自然生产 D 环翻转卟啉，而且制备 2-取代吡咯需要的步骤较多[57]。

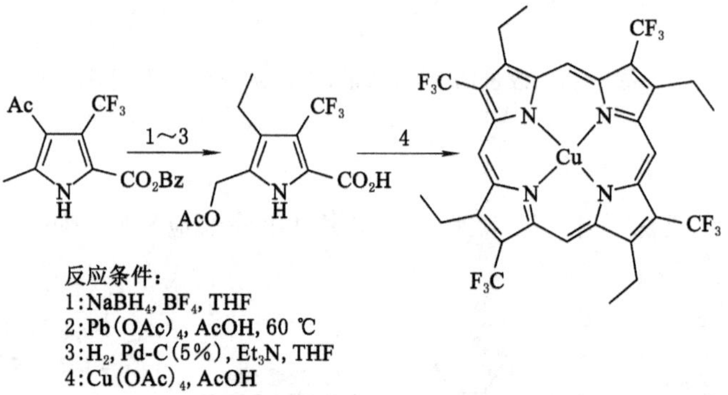
Ac
CF_3
N
H
CO_2Bz
1～3
CF_3
AcO
N
H
CO_2H
4
CF_3
F_3C
N
N
Cu
N
N
CF_3
F_3C
反应条件：
1:$NaBH_4$, BF_4, THF
2:$Pb(OAc)_4$, AcOH, 60 ℃
3:H_2, Pd-C(5%), Et_3N, THF
4:$Cu(OAc)_4$, AcOH

图 1-18 Homma 利用 2-取代吡咯法合成缺电子过渡金属卟啉铜化合物

1.2.1.6 线性四吡咯合成法

线性四吡咯合成法是利用线性四吡咯成环合成卟啉的方法。P. S. Clezy 等[58]利用此方法合成了 β-位取代基不同的不对称卟啉(图 1-19)。

1.2.1.7 郭灿城合成法

郭灿城合成法是郭灿城等[59]利用 $AlCl_3$ 做催化剂合成四苯基卟啉的方法。该方法主要用于合成含有活泼基团的卟啉(图 1-20)，其缺点是作为催化剂的路易斯酸 $AlCl_3$ 易与水作用，增加了产物分离的困难。

1.2.1.8 微波激励法

微波激励法是 1992 年由法国化学家 A. Petit[60]首先提出的。这种方法是在微波激励下进行反应的，当时利用此法合成的四苯基卟啉的产率为 9.5%。胡希明等[61]改进了该方法，四苯基卟啉产率提高到 13%，并对该方法的反应机理和影响因素进行了深入细致的研究。刘云等[62]对微波激励法进行了进一步的改进，产率达到 42%。

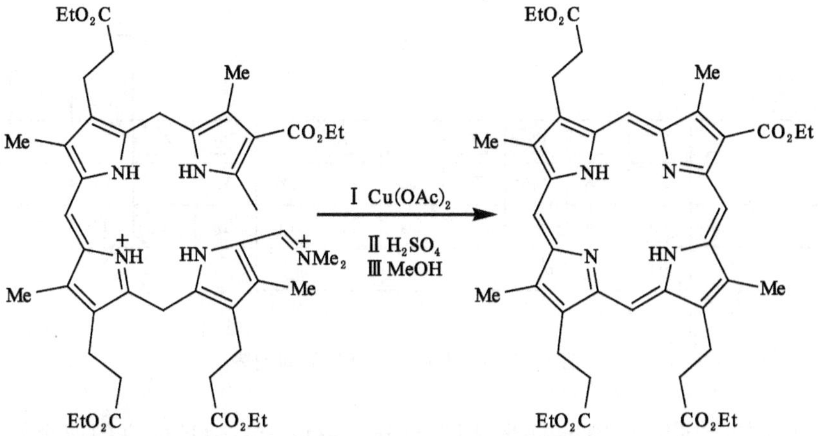

图 1-19 Clezy 利用线性四吡咯合成法合成了 β-位取代基不同的不对称卟啉

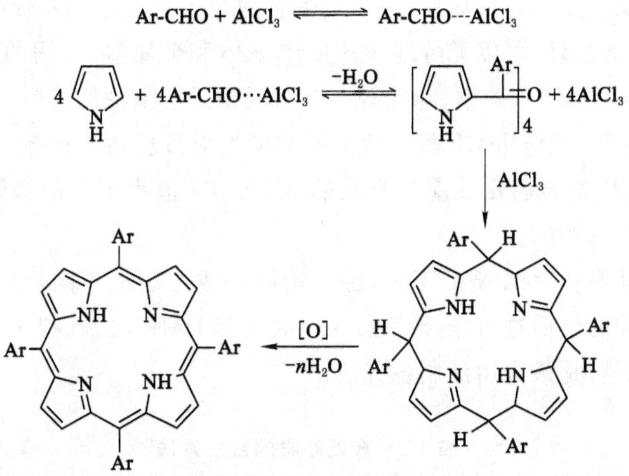

图 1-20 郭灿城合成法合成卟啉

1.2.2 卟啉金属配合物的合成

1902 年,J. Zelaski[63]首次合成了铜和锌的卟啉过渡金属化合物。1975 年,卟啉金属配合物的周期表(图 1-21)被提出,几乎所有的卟啉金属配合物均被成功合成。

Li											B		
Na	Mg										Al	Si	P
K	Ca	Sc	Ti	V	Cr	Mn	Fe	Co	Ni	Cu	Zn	Ga	Ge	As
Rb	Sr	Y	Zr	Nb	Mo	Tc	Ru	Rh	Pd	Ag	Cd	In	Sn	Sb
Cs	Ba	La	Hf	Ta	W	Re	Os	Ir	Pt	Au	Hg	Tl	Pb	Bi

···Pr···Eu···Yb···

Th

图 1-21 卟啉金属配合物的周期表

卟啉的金属化是指卟啉配体(H_2P)分子中位于共轭环中央的四个氮原子与金属原子配位形成卟啉金属配合物(MP)的过程。其反应过程如下：

$$H_2P + XM_m \rightleftharpoons MP + HX$$

该可逆反应正向是金属化,逆向是去金属化。反应溶剂不仅要具备较高的沸点,还要溶解性好,可以充分地溶解卟啉配体和金属盐,常用的溶剂有 N,N-二甲基甲酰胺(DMF)、苯腈、咪唑等。有时根据反应条件的需要,也选择混合溶剂,如氯仿-甲醇,氯仿-DMF 等。溶液的酸碱性对反应也有影响,在 pH 值大于 7 的碱性溶液中对金属化反应是有利的,而在 pH 值小于 7 的酸性溶液中对去金属化反应是有利的。

由于金属种类和性质的不同,配合物的合成方法也不同,要依据卟啉配体和金属配合物的性质进行选择(表 1-1),主要有 DMF 法、吡啶法、醋酸盐法等。其中 DMF 法[64]是最常用的制备方法。

表 1-1 金属卟啉的合成方法

编号	金属化体系	温度/℃	插入金属范围
Ⅰ	$MX_m L'_n/HOAc$	100	Zn,Cu,Ni,Co,Fe,Mn,Ag,In,V,Hg,Ti,Sn,Pt,Rh,Ir
Ⅱ	MX_m/Py	115~185	Mg,Ca,Sr,Ba,Zn,Cd,Hg,Si,Ge,Sn,Pb,Ag,Au,Ti,As,Sb,Bi,Sc
Ⅲ	$M(acac)_n/solvent$	180~240	Mn,Fe,Co,Ni,Cu,Zn,Al,Sc,Ga,In,Cr,Mo,Ti,V,Zr,Hf,Er,Pr,Yb,Y,Th

表 1-1(续)

编号	金属化体系	温度/℃	插入金属范围
Ⅳ	$MX_m/PhOH$	180～240	Ta,Mo,W,Re,Os,(X=O,OPh,acac,Cl)
Ⅴ	$MX_m/PhCN$	191	Nb,Cr,Mo,W,Pd,Pt,Zr,In
Ⅵ	MX_m/DMF	153	Zn,Cu,Ni,Co,Fe,Mn,V,Hg,Pb,Sn,Cd,Mg,Ba,Ca,Pd,Ag,Rh,In,As,Sb,Tl,Bi,Cr
Ⅶ	$MX_m/solvent$	25～200	Mg,Al,Ti
Ⅷ	$MX_m(CO)_n/solvent$	80～200	Cr,Mo,Mn,Tc,Re,Fe,Ru,Co,Rh,Ir,Ni,Os
Ⅸ	$M(OR)_n/solvent$	35～80	Li,Na,K,Rb,Cs,Mg,Ca,Sr,Ba

1.3　卟啉及卟啉金属配合物的表征和性质研究

1979 年,《卟啉》最早对卟啉类化合物的结构和性质进行详细报道[65],书中叙述了卟啉及卟啉金属配合物的表征方法和一些性质的研究方法,其主要包括紫外-可见吸收光谱、红外光谱、拉曼光谱、核磁共振氢谱和碳谱、质谱、元素分析、荧光光谱和表面光电压谱等。

（1）紫外-可见吸收光谱

紫外-可见吸收光谱即电子吸收光谱,卟啉的紫外-可见吸收光谱普遍采用 M. Gouterman 提出的四轨道模型理论[66],四个轨道分别是卟啉的 π 和 π^* 轨道,其中具有 a_{1u} 和 a_{2u} 对称性的是两个最高占有轨道(HOMO),具有 e_g^* 对称性的是两个最低空轨道(LUMO)(图 1-22)。两个主要吸收是由最高占有轨道(HOMO)和最低空轨道(LUMO)之间的跃迁耦合造成的($\pi \rightarrow \pi^*$)。能量较高的 Soret 带是两个跃迁的线性组合,跃迁偶极加强,吸收较强[67]。Q 带是跃迁偶极相互抵消的结果,从而表现出较弱的吸收。

卟啉配体的紫外-可见吸收光谱包括 1 个 Soret 带和 4 个 Q 带。卟啉配体金属化形成配合物后,分子对称性增加,分子轨道的分裂程度减少,简并度增加,使 Soret 带的吸收峰的位置和形状也发生了一些改变,Q 带吸收峰的数目减少。因此,卟啉配体是否完全金属化可以用紫外-可见吸收光谱进行检测。

（2）红外光谱和拉曼光谱

红外光谱分析是通过测试烷基、苯基、羰基等官能团对红外光的吸收表征

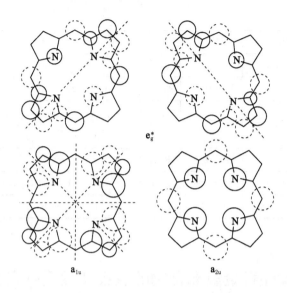

图 1-22　金属卟啉的 HOMO 和 LUMO 能级

分子结构的手段[68]。20 世纪 50 年代，开始利用红外光谱研究卟啉类化合物[69]，当时的研究主要是将测得的红外光谱图与已知的各官能团的特征光谱比较，对卟啉分子中的特定基团和取代基结构进行归属，对卟啉分子是否金属化进行鉴别。在红外光谱分析中，卟啉样品采用 KBr 压片法制备。

拉曼光谱分析是对红外光谱分析的有益补充，利用拉曼光谱可以表征卟啉的结构。在卟啉类化合物的拉曼光谱中，$3\ 316\ cm^{-1}$ 左右是卟啉配体的 N—H 伸缩振动带，当卟啉配体金属化形成金属配合物后，N—H 伸缩振动带消失，这是卟啉类化合物形成配合物的重要判断标准。G. S. S. Saini 等[70] 对四苯基卟啉及其配合物的拉曼光谱进行了详细的分析和介绍，对系列卟啉衍生物及其金属配合物分子结构的研究具有非常重要的参考价值。

（3）核磁共振谱

核磁共振分析是一种迅速、准确、分辨率高的分析手段，可深入物质内部不破坏样品，近年来发展迅速、应用广泛。在有机化合物的表征测试中，核磁共振谱占有重要地位，经常研究的是 ^1H 的共振吸收谱，即核磁共振氢谱和 ^{13}C 共振吸收谱，即核磁共振碳谱。核磁共振氢谱（^1H NMR）主要提供化合物的化学位移、耦合常数、积分曲线等信息，通过对信息的处理和分析，可以容易地推断出碳架上氢原子的数量和位置。核磁共振碳谱（^{13}C NMR）可以提供有机化合物的骨架信息,通过这些信息可以推断出碳原子的数量和位置。

卟啉类化合物同其他有机化合物一样,可以利用核磁共振氢谱和核磁共振碳谱鉴定该类物质中碳和氢的数量、种类和位置。1959 年,E. D. Becker 和 R. B. Bradley[71]首次利用核磁共振研究方法表征卟啉化合物的结构。目前,核磁共振谱已经成为表征卟啉类化合物的有效方法。

(4)质谱和元素分析

质谱分析是将样品转换成气态离子进行分离并记录其信息的表征测试手段,质谱图是以图谱的方式来表达质谱分析所得到的结果。利用质谱表征卟啉类化合物时,可以测定待测卟啉样品的最大分子离子的质荷比和相应的离子碎片峰,进而确定化合物的相对分子质量。根据质谱提供的信息,可以进行定性和定量分析、结构分析、组成分析等。

在卟啉化合物中,元素分析法可以确定 C、H、N 等元素在卟啉化合物中的含量,通过比较测量值与理论值,确定卟啉化合物的纯度和元素组成,对目标产物结构的表征起到辅助的作用。

(5)荧光光谱

一些物质在紫外线的照射下会发出不同颜色和强度的可见光,这种光称为荧光。物质的荧光按照不同的波长和强度绘成谱图即荧光光谱。荧光光谱分为激发光谱和发射光谱。激发光谱是固定荧光的发射波长改变激发光波长所得到的谱图;发射光谱是固定荧光的激发波长改变发射光波长所得到的谱图。化合物的荧光光谱具有如下特征:溶液中发射光的波长大于激发光的波长;发射光谱的形状通常与激发波长没有关系;荧光激发光谱与吸收光谱之间呈镜像关系。荧光光谱不仅可以用来对荧光物质进行鉴别,同时还可作为寻找功能荧光物质的手段。

近年来,卟啉作为发光材料颇受科学家们的青睐,这与其荧光性能有着密不可分的关系。卟啉是一类具有双荧光行为的大环共轭芳香体系,该类化合物的荧光较强。由于卟啉分子结构的多样性以及可修饰性,卟啉分子的荧光性质不尽相同。同时,当卟啉分子与不同金属生成卟啉金属配合物后,其荧光性质也会发生变化。如将四苯基卟啉与过渡金属 Mn、Fe、Co、Ni、Cu、Zn 分别生成配合物,测定几种配合物的荧光,发现只有锌卟啉具有较强的荧光性,这主要是由于 Zn^{2+} 是闭壳型离子,没有自旋轨道耦合效应;而 Co^{2+}、Cu^{2+} 等离子由于 d 轨道存在成单电子,是开壳层的顺磁性离子,发生荧光猝灭。荧光光谱对于研究卟啉分子的结构和寻找功能卟啉发光材料具有广阔的应用前景。

（6）表面光电压谱

表面光电压是固体表面光致电子跃迁的光生伏特效应。随着人们对能源等领域的重视,表面光电压技术的应用扩展到太阳能转换、有机半导体和纳米技术等领域[72]。

卟啉类化合物可以强烈地吸收可见光,在有机光导体方面有着非常广阔的应用前景。卟啉分子的平面大环共轭结构能够提供 $\pi-\pi^*$ 跃迁和电荷转移,具体来说,卟啉的分子结构中 π 成键轨道近似于固体的价带,π^* 反键轨道近似于固体的导带,光生载流子表现为非定域性质,可以在 π 体系的能带内穿行。卟啉类化合物具有光伏特性是因为可以吸收光产生可移动的光生载流子[73]。

1.4　传感

传感技术是关于从自然信源获取信息,并对之进行处理、变换和识别的一门多学科交叉的现代科学与工程技术。传感技术作为现代信息技术的三大核心技术之一,一直处于信息采集系统的最前沿,是直接影响整个信息系统的准确性和正确性的关键技术。传感器是利用传感技术将一种信号转变为另一种信号而达到检测目的的器件和装置。传感器的功能与品质决定了传感系统获取信息的容量和质量,是高品质传感系统构造的关键。

近年来,传感器和传感技术发展极为迅速,应用也十分广泛,应用领域包括工农业生产、环境保护、灾情预报、国防建设、海洋开发等。传感器和传感技术被当今世界各国视为涉及国家安全和科技进步的关键技术,成为国家科技发展战略计划。受其影响,传感器的新品种、新结构、新应用不断涌现,尤其是有光化学类、生物类传感器,其研究发展速度更快。

发光化学传感材料具有高灵敏度、高选择性的特点,近年来在许多领域尤其在环境保护领域的潜在应用引起人们的关注。对发光化学传感材料的研究主要集中在具有良好传感性能材料的研究上,其分为对金属离子有传感性能的材料和对气体有传感性能的材料两类。到目前为止,人们已发现了一些电荷转移、金属-配体电荷转移、$n-\pi^*$ 或 $\pi-\pi^*$ 电子跃迁等类型的激发态分子具有化学传感特性。但是目前对各种气体有传感性能的材料的研究主要还停留在提高化合物的发光性质和传感性质方面,而如何利用具有良好性质化合物制备成传感材料、组装成传感器件成为进一步探究的关键。相关工作不仅包括高灵敏度和高选择性的发光分子的设计、合成,还包括合适载体的筛选,将发光分子组装在载体上形成材料及器件的简易方法的研究[74-84]。

1.4.1　氧气传感简介

氧分子浓度的测定主要应用在医疗诊断[85]、环境监测[86]、生物化学[87]、分析化学[88]等研究领域。光学氧传感器由于具有高灵敏度、高选择性的特点逐渐成为研究的热点。这类传感器的研究机理基于氧气分子对传感材料中激发态发光分子的荧光猝灭行为。

氧气对发光分子发光猝灭机理可分为动态和静态两大类。动态猝灭机理过程如下式所示。

$$M(T_1) + {}^3O_2 \longrightarrow M(S_0) + {}^1O_2$$

发光分子最低三重激发态 $M(T_1)$ 将能量传递给氧分子的三线态的基态（ ${}^3O_2$ ），形成氧分子的单线态（ ${}^1O_2$ ），发光分子回到基态 $M(S_0)$ ，自身的发光发生猝灭。

光学氧气传感材料由发光分子与载体两部分组成。其工作原理一般是氧气分子进入载体的孔道,碰撞对氧气浓度高度敏感的发光分子,发光分子发生荧光猝灭,发光强度减弱,除去氧气后,发光分子重新发光,通过发光分子的荧光强度变化而实现对氧气浓度的检测。因此,对这类传感材料的设计与优化通常集中在以下方面:发光分子的设计和载体材料的选择,发光分子和载体材料之间相互作用的效果。

1.4.2　常见的发光分子

在光学氧气传感器的研究中,在对氧气敏感的发光分子的选择上最早选用了芘、苝、荧蒽和十环烯等稠环芳香族化合物[89-94]。这类分子的激发态通常可与氧气形成电荷转移复合物而发生荧光猝灭。稠环芳香族化合物发光分子在氧气传感方面应用的局限性是缺少匹配的固体光源。

人们采用过渡金属配合物作为发光分子制备发光氧气传感材料。在过渡金属配合物的选择上,人们发现具有 d^6 或 d^8 电子组态的过渡金属如钌、钯、锇、铂等可以作为金属中心离子,邻菲啰啉和卟啉等作为配体,最常用的是二亚胺钌配合物[95-98]和卟啉过渡金属配合物[99-101]（图1-23）。这类化合物分子具有如下特点:易于被氧气分子猝灭,较长的发光寿命,高的荧光量子效率,稳定的光化学、光物理性质,强的光谱可见区吸收,高的热稳定性和大的Stokes位移等,故广泛地应用于制备发光氧气传感材料。

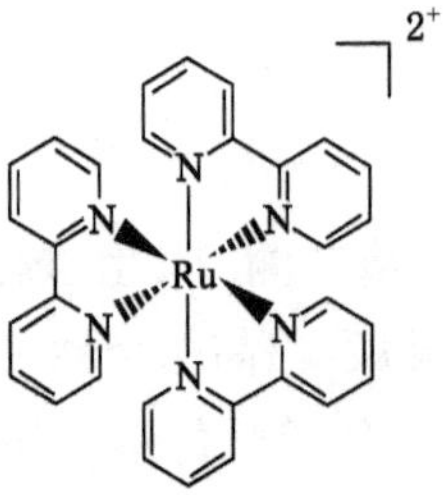

$[Ru(bpy)_3]^{2+}$

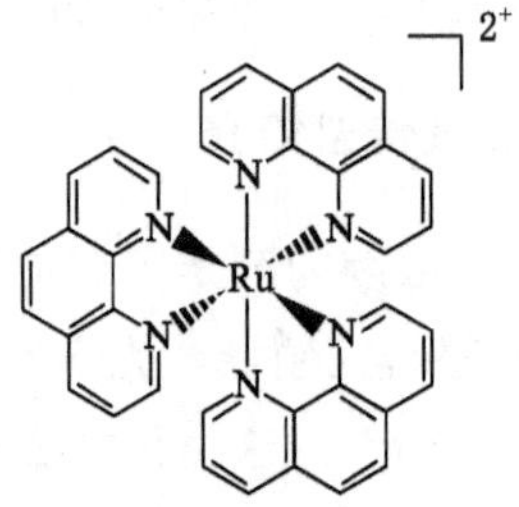

$[Ru(phen)_3]^{2+}$

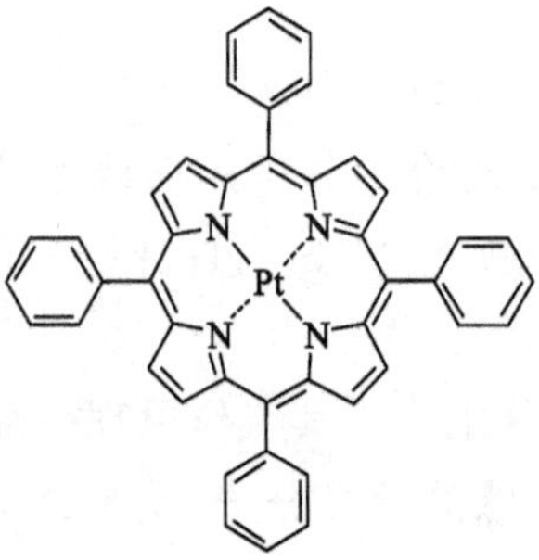

PtTPP

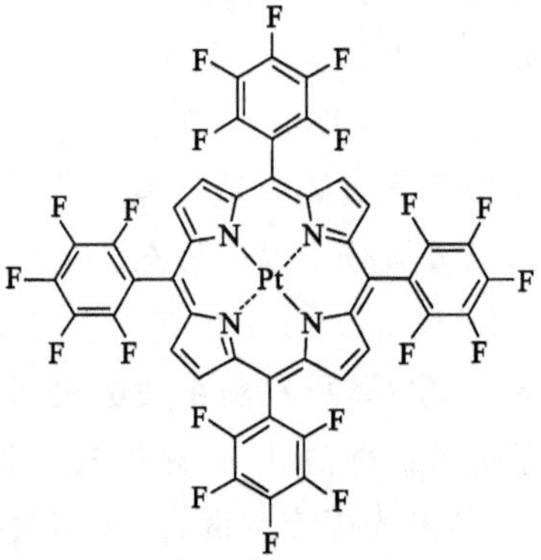

PtTFPP

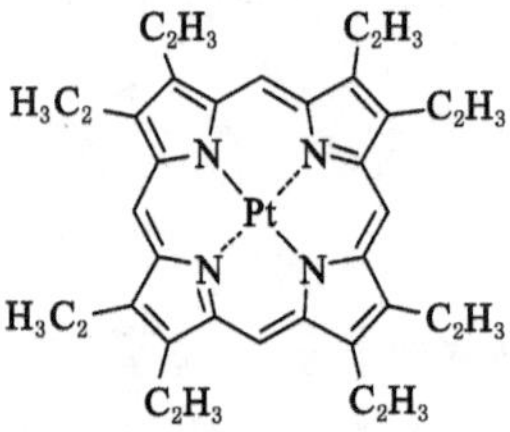

PtOEP

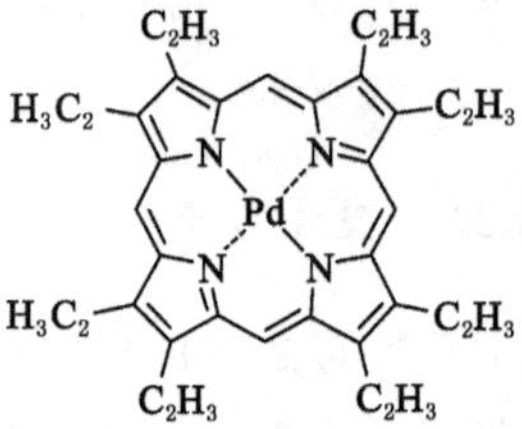

PdOEP

图 1-23 几种氧气敏感化合物的结构

1.4.3 常用的载体

为了实现发光氧气传感材料的快速响应，满足高灵敏度和有效附着等要求，所选用的载体材料必须具有良好的氧气扩散速率、能在探针分子周围高度有效地猝灭、与传感器的探测部件能方便而牢固地附着等特点。常用的载体材料包括硅橡胶、聚苯乙烯、聚碳酸酯、聚氯乙烯、聚甲基丙烯酸甲酯和溶胶-凝胶等[102-111]。

载体的研究历史悠久,1931 年,第一台测氧光学传感器是室温磷光(RTP)传感器,采用硅胶作为载体[112]。1987 年,J. N. Demas 等报道了以一种空气渗透-溶剂非渗透的聚合物薄膜(硅橡胶 RTV-118)为载体的氧气传感材料,该材料灵敏度数值接近 8,响应时间为 0.18 s[113]。1997 年,A. Mills 等以聚甲基丙烯酸甲酯为载体制备了氧气传感材料,该材料灵敏度数值达到 15.8,响应时间分别为 3.7 s 和 1.7 s[114]。1998 年,M. T. Murtagh 等以溶胶-凝胶为载体制备了氧气传感材料,该材料灵敏度数值为 10.17[115]。2000 年,Y. Amao 等报道的氧气传感材料以聚合物薄膜 poly(TMSP)为载体,灵敏度数值为 225[116]。以上发光传感材料及器件均以聚合物或溶胶-凝胶体系为载体,灵敏度虽有所提升但没有质的飞跃,寻找更好的载体对于高性能氧气传感材料及器件的发展意义重大。

1.4.4 介孔分子筛

介孔分子筛是指孔径介于 2.0～50 nm 之间的分子筛,具有规则的孔道结构,孔径分布窄且可调,在微米尺度内保持高度的孔道有序性。已报道的介孔分子筛主要有三类,即 M41S 系列:MCM-41(六方相),MCM-48(立方相),MCM-50(层状相);SBA-n 系列:SBA-1(立方相),SBA-2(三维六方),SBA-15(二维六方)等;MSU 系列:MSU-1、MSU-2、MSU-3 均具有六方介孔结构。

1.4.4.1 介孔分子筛 M41S 系列简介

1992 年,美国美孚公司 S. L. Burkett 等首次报道了 M41S 系列的介孔分子筛(MCM-41,MCM-48,MCM-50)[117-118],以阳离子表面活性剂为模板剂,以硅酸钠、硅铝酸钠为反应原料,制备出了具有特殊孔道结构的介孔分子筛 M41S系列。

M41S 系列介孔分子筛分为 MCM-41(六方相)、MCM-48(立方相)和MCM-50(层状相)(图 1-24)三种。其中 MCM-41 和 MCM-48 介孔分子筛的孔道规则、孔径均匀、比表面积高;除去表面活性剂的 MCM-50 层状相塌陷转变为无定形。人们把研究的重点更多地转移到具有均匀孔道结构的 MCM-41 和MCM-48 上。近年来,M41S 系列介孔分子筛的合成及应用一直都是无机固体化学的研究热点。

自 M41S 系列介孔分子筛报道起,介孔分子筛的形成机理一直是研究的热点,为了给不同合成途径提供合理的理论依据,科研工作者们陆续提出了多个

（a）MCM-41　　　　　　（b）MCM-48　　　　　　（c）MCM-50

图 1-24　M41S 系列介孔分子筛的孔道结构

模型以解释介孔材料的形成。目前广为人们接受的主要为液晶模板机理[117-122]和协同作用机理[123]。协同作用机理对在无机/有机界面上和介相自组装内部发生的相互作用、无机/有机自身的变化关注度更高；液晶模板机理关注有机-无机介相自组装体颗粒的形成过程。

水热合成法、室温合成法[124-125]、微波合成法[126]、湿胶焙烧法[127]、相转变法[128-129]及在非水体系中[130]合成法等合成 M41S 系列介孔分子筛方法多有报道，其中采用水热合成法的最多。水热合成法的一般过程分为以下三步：以表面活性剂和无机物种为原料反应生成柔顺、松散的复合物；水热处理；除掉复合物中的表面活性剂。

1.4.4.2　介孔分子筛 SBA-n 系列简介

介孔分子筛 SBA-n 系列具有孔道规则可调、比表面积大等优异性能而被广泛用于光电器件和生物材料等许多领域。1998 年，Zhao D. Y. 等[129]采用三嵌段共聚高分子为模板剂合成厚壁介孔分子筛 SBA-15。21 世纪初，B. L. Newalkar 等[130-132]提出采用微波法快速合成介孔分子筛 SBA-15。2004 年，Y. K. Huang 等[133]采用微波法合成立方相介孔分子筛 SBA-16。1995 年，Q. Huo 等[134]合成介孔分子筛 SBA-2，是有笼型结构的三维六角相产物。

介孔分子筛 SBA-15 的形貌具有不同的几何形态，Zhao D. Y. 等[129]分别把 DHT、硫酸钠、硫酸镁等不同的物质添加到 P123 模板剂中制备了空心管状、铁饼状、车轮状、六角形状、球状等多种形态的 SBA-15 介孔分子筛。与微孔分子筛的有序构架有很大区别，SBA-15 的孔壁较厚，是无定形的非晶态 SiO_2。许多物质的分子和离子可以通过共价嫁接或物理掺杂的方式装入分子筛中，改变了分子筛的选择催化能力、表面缺陷浓度、骨架稳定性和离子交换能力等。同时，相对于 M41S 系列介孔分子筛，SBA-15 介孔分子筛具有更大的孔径，方便更大分子物质(卟啉分子等)的进出。SBA-15 介孔分子筛常作为载体掺杂入功能分子,在催化、传感器、光电器件、生物材料等许多领域具有广阔的应用前景。

1.4.4.3　介孔材料的应用前景

由于介孔分子筛孔道结构大而可调,以介孔分子筛为主体材料充当载体,以功能分子为客体材料直接装在介孔分子筛主体材料中,形成特殊的主客体结构,人们可以有目的地合成具有不同功能的新材料,同时,在一定程度上可以更方便地按照自己的意愿对物质的某些性质进行调制[135]。T. Bein 等[136] 报道的导电高分子就是在 MCM-41 孔道中封装进苯胺分子再聚合形成的;R. Burch 等[137] 在 MCM-41 孔道中载入过渡金属羰基配合物 $Mn_2(CO)_{10}$,高温加热制备成氧化锰纳米微粒;M. Fang 等[138-139] 在 MCM-48 孔道中引入发光分子 $Ru(bpy)_{32}^{+}$,获得了具有良好发光性能的掺杂材料。

人们对介孔材料的合成方法和功能特性的研究还不够深入,存在很大的改进空间。而且介孔材料在制备光电材料、生物模拟材料、催化材料等功能材料方面体现出自身性能的优越性[140-150]。在不久的未来,介孔材料的研究将成为材料科学、无机化学、有机化学、分析化学等领域新兴的一个前沿科学和研究热点。

1.5　研究内容

由于不同类型的介孔分子筛孔径大小不同、孔道规则不同,掺杂材料的性质、功能略有不同,我们可以选择孔道结构和尺寸不同的介孔分子筛作为载体,实现功能可控的功能材料。如 MCM-41 具有均匀的孔径、规则的孔道和高比表面积等特点,广泛应用于制备光学氧传感器。而在高温条件下,由于 MCM-41 分子筛的热稳定性较低,孔结构很容易遭到破坏,因此采用更大孔容、更好热稳定性的 SBA-15 介孔分子筛作为载体。

基于以上考虑,我们拟合成系列连有咔唑基团的卟啉化合物,通过中心原子的变化调节卟啉化合物的光电性能。利用核磁共振氢谱、紫外-可见光谱、红外光谱、拉曼光谱及元素分析等方法确定化合物的结构;对所合成卟啉化合物的荧光性质和表面光电压性质进行分析,并探讨不同类型配合物两种性质之间的规律;采用介孔分子筛 MCM-41 和 SBA-15 作为载体,合成咔唑取代卟啉配合物与介孔分子筛组装成的具有氧气传感性能的材料,并对其氧气传感性质进行系统的研究。

主要内容如下：

（1）合成咔唑取代卟啉配体，并通过核磁共振氢谱、飞行时间质谱、紫外-可见吸收光谱、红外光谱、拉曼光谱及元素分析等对其进行表征。

（2）合成咔唑取代卟啉的 6 种过渡金属配合物和 4 种稀土金属羟基配合物，通过核磁共振氢谱、紫外-可见吸收光谱、红外光谱、拉曼光谱及元素分析等对合成的产物进行表征。

（3）对合成的咔唑取代卟啉及其 10 种金属配合物的光学性质和光电转化性质进行了系统的研究和分析，探讨了不同类型配合物两种性质之间的规律。

（4）采用 MCM-41 介孔分子筛作为载体，合成咔唑取代卟啉铂/钯配合物与 MCM-41 介孔分子筛组装成的具有氧气传感性能的材料，对其氧气传感性质进行了系统的研究。

（5）采用孔道更大的 SBA-15 介孔分子筛作为载体，合成咔唑取代卟啉铂/钯配合物与 SBA-15 介孔分子筛组装成的具有氧气传感性能的材料，对其氧气传感性质进行了系统的研究。

2　咔唑取代卟啉配体的合成与表征

本章合成并提纯了研究所需的咔唑取代卟啉配体原料:5,10,15,20-四-[4-(N-咔唑)丁烷氧苯基]卟啉,为进一步的研究做准备,并通过核磁共振氢谱、飞行时间质谱、紫外-可见吸收光谱、红外光谱、拉曼光谱及元素分析对合成的产物进行了表征。

2.1　试剂与仪器

2.1.1　实验试剂

(1) 氢化钠(A. R.);

(2) 1,4-二溴丁烷(A. R.);

(3) 4-羟基苯甲醛(A. R.);

(4) 咔唑(A. R.);

(5) 吡咯(使用前新蒸)(C. P.);

(6) 无水乙醇(A. R.);

(7) 二氯甲烷(A. R.);

(8) 三氯甲烷(A. R.);

(9) 石油醚(A. R.);

(10) N,N-二甲基甲酰胺(DMF)(A. R.);

(11) 丙酸(A. R.);

(12) 柱层析硅胶(100~200 目,200~300 目)。

其他所用试剂均为国产分析纯。

2.1.2 实验仪器

（1）Varian Unity-500 核磁共振仪；

（2）Axima CFR MALDI-TOF 飞行时间质谱仪；

（3）Shimadzu UV-3000 紫外-可见光谱仪；

（4）Nicolet 5PC FT-IR 红外光谱仪（KBr 压片）；

（5）Renishaw invia 共聚焦显微拉曼光谱仪；

（6）Perkin-Elemer240C 元素分析仪。

2.2 咔唑取代卟啉配体的合成

2.2.1 N-(4-溴丁基)咔唑的合成

在三口瓶中加入 5.0 g(0.03 mol)咔唑、2.0 g(0.05 mol)NaH 和 120 mL DMF,加热至 60 ℃搅拌 1 h,将 3.0 mL(0.04 mol)1,4-二溴丁烷逐滴加入三口瓶中,在氮气保护下加热至 60 ℃搅拌 24 h 后冷却到室温,过滤除去固体残渣,减压蒸去 DMF,以 200～300 目的硅胶柱层析,以石油醚为淋洗液,在紫外灯下收集第三层析带,产物为无色针状晶体,产率为 38%。合成路线如图 2-1 所示。

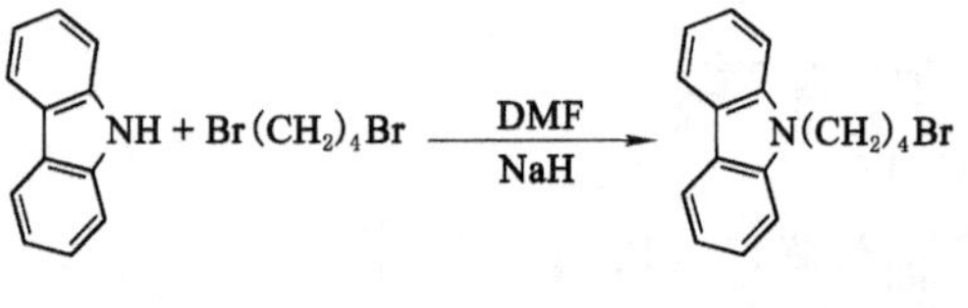

图 2-1　N-(4-溴丁基)咔唑的合成路线

核磁共振氢谱[1]H NMR (300 MHz,CDCl$_3$,25 ℃,TMS)：δ＝8.10(d,J＝7.5 Hz,2H,咔唑环 C$_1$—H),7.47(t,J＝8.0 Hz,2H,咔唑环 C$_2$—H),7.41(t,J＝8.0 Hz,2H,咔唑环 C$_3$—H),7.25(t,J＝7.5 Hz,2H,咔唑环 C$_4$—H),4.33(t,J＝7.0 Hz,2H,Br—CH$_2$—),3.36(t,J＝6.5 Hz,2H,—N—CH$_2$—),1.78～1.93(m,4H,—CH$_2$—)。

2.2.2 5,10,15,20-四-(4-羟基苯基)卟啉的合成

参考文献[151],在三口瓶中加入 6.1 g(40 mmol)4-羟基苯甲醛和 200 mL 丙酸,加热搅拌至回流温度,滴加溶有 2.7 mL(40 mmol)新蒸吡咯的丙酸溶液 50 mL,加热搅拌回流 2 h,冷却,加入 100 mL 乙醇,在冰箱中静置过夜,减压过滤除去滤液,沉淀用乙醇反复洗涤,直至滤液变清,得到一种紫色的沉淀。晾干后,以 100～200 目硅胶柱层析,以二氯甲烷为淋洗液,收集第一层析带,浓缩后用石油醚重结晶,产物为紫色固体,产率为 32%。合成路线如图 2-2所示。

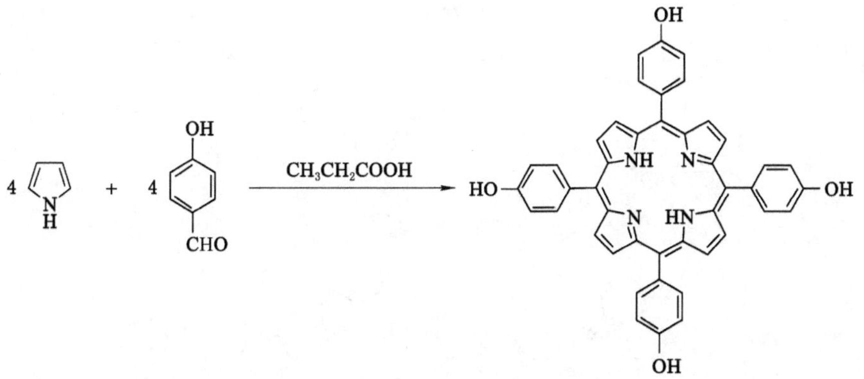

图 2-2　5,10,15,20-四-(4-羟基苯基)卟啉的合成路线

2.2.3 5,10,15,20-四-[4-(N-咔唑)丁烷氧苯基]卟啉(卟啉配体 P)的合成

在三口瓶中加入 0.80 g(1 mmol)5,10,15,20-四-(4-羟基苯基)卟啉、2.4 g(8 mmol)N-(4-溴丁基)咔唑、1.4 g(10 mmol)K_2CO_3 和 250 mL DMF,在氮气保护下,加热至 80 ℃搅拌 24 h,过滤除去固体残渣,减压蒸去 DMF,以 200～300 目的硅胶柱层析,以二氯甲烷为淋洗液,收集第一层析带,产物为紫色固体,产率为 25%。合成路线如图 2-3 所示。

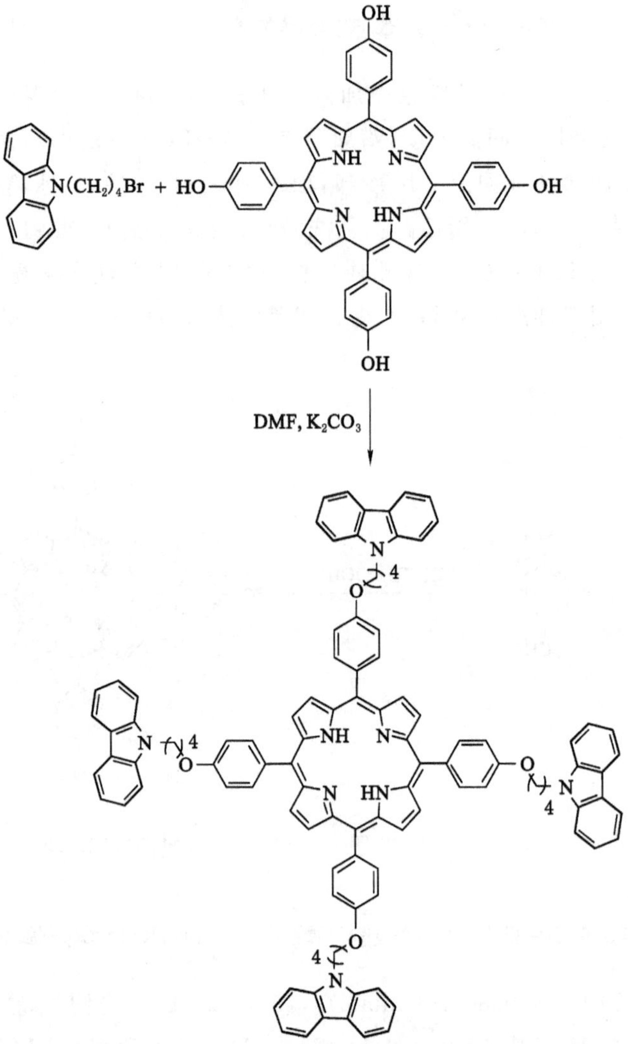

图 2-3　卟啉配体 P 的合成路线图

2.3　卟啉配体 P 的表征

2.3.1　核磁共振氢谱

利用核磁共振氢谱对所合成的卟啉配体 P 进行了表征，卟啉配体 P 的核磁共振氢谱数据如下所示,核磁共振氢谱初步确认了所合成化合物的结构。

^{1}H NMR（300 MHz,CDCl$_3$,25 ℃,TMS）：$\delta=8.84$（s,8H,吡咯环），8.43～8.48（m,8H,o-C$_6$H$_4$），8.14～8.17（m,8 H,咔唑环 C$_1$—H），8.07～8.10（m,8 H,m-C$_6$H$_4$），7.55（d,$J=8.0$ Hz,16H,咔唑环 C$_{2,3}$—H），7.24（t,$J=7.5$ Hz,8H,咔唑环 C$_4$—H），4.57（t,$J=7.0$ Hz,8H,—O—CH$_2$—），4.24（t,$J=6.5$ Hz,8H,—N—CH$_2$—），2.26～2.31（m,8H,—N—C—CH$_2$—），2.03～2.07（m,8H,—O—C—CH$_2$—），−2.79（s,2H,吡咯环 N—H）。

2.3.2 飞行时间质谱

利用飞行时间质谱对所合成的卟啉配体 P 进行了进一步的表征,卟啉配体 P 的质谱图如图 2-4 所示,其中 P 的相对分子质量:计算值 1 563.9,实测值 1 563.8,合成的化合物的相对分子质量与目标产物的相对分子质量近似相等,其中碎片归属如图 2-5 所示。

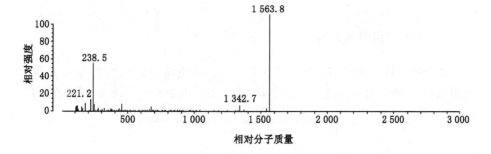

图 2-4 卟啉配体 P 的质谱图

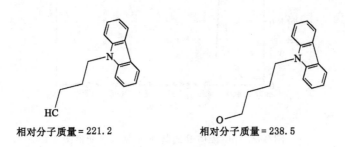

图 2-5 卟啉配体 P 的质谱碎片归属

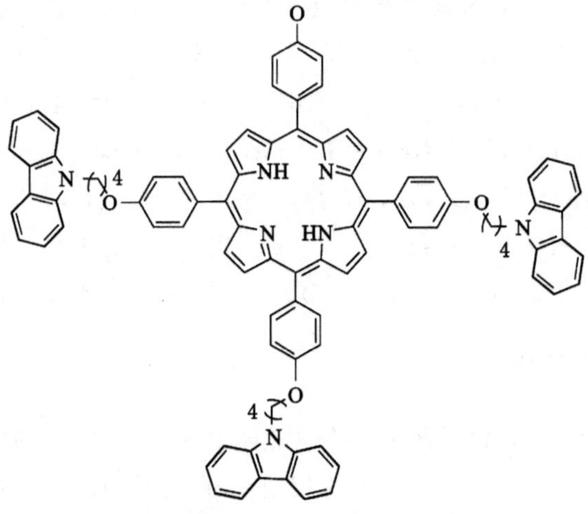

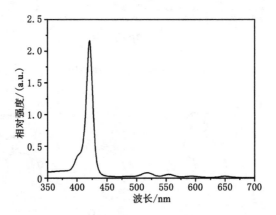

相对分子质量＝1 342.7

图 2-5(续)　卟啉配体 P 的质谱碎片归属

2.3.3　紫外-可见吸收光谱

把卟啉配体 P 配制成 1×10^{-5} mol/L 的二氯甲烷溶液进行紫外-可见吸收光谱测试,卟啉配体 P 的紫外-可见吸收光谱图如图 2-6 所示,数据列于表 2-1。

图 2-6　卟啉配体 P 的紫外-可见吸收光谱图

卟啉化合物的紫外-可见吸收光谱是由电子从基态 S_0 分别跃迁到两个最低激发单重态 S_1 和 S_2 产生的,电子从 S_0 至 S_1 在可见光区($500\sim700$ nm)产生 4 个弱的吸收峰,称为 Q 带;$S_0 \rightarrow S_2$ 在近紫外区(380~450 nm)产生强的吸收峰,称为 Soret 带。由表 2-1 可知,在卟啉配体 P 的紫外-可见吸收光谱中,Soret 带有 1 个,出现在 422 nm 处,是由 $a_{1u}(\pi)$—$e_g^*(\pi)$ 跃迁产生的;Q 带共有 4 个,分别出现在 518 nm,554 nm,593 nm 和 650 nm 处,是由 $a_{2u}(\pi)$—$e_g^*(\pi)$ 跃迁产生的。其中,Soret 带吸收峰的强度是 Q 带的 15~50 倍,4 个 Q 带吸收峰的强度大致规律是 518 nm>554 nm>650 nm>593 nm。

表 2-1 卟啉配体 P 的紫外-可见光谱数据

化合物	紫外可见吸收光谱 $\lambda_{max}/nm(\varepsilon \times 10^{-3})$	
	Soret 带	Q 带
卟啉配体 P	422(276.4)	518(15.9)、554(9.8)、593(4.0)、650(4.1)

2.3.4 红外光谱

卟啉配体 P 的红外光谱图如图 2-7 所示,红外光谱数据和峰的归属列于表 2-2。由表 2-2 可见,卟啉配体 P 在 3 315 cm^{-1} 和 966 cm^{-1} 处的振动峰归属于卟啉环中心 N—H 伸缩振动和弯曲振动;3 049 cm^{-1},2 924 cm^{-1},2 854 cm^{-1} 处的谱带为化合物的 C—H 伸缩振动,其中 3 049 cm^{-1} 左右吸收峰为苯环的 C—H 振动[152];1 599 cm^{-1}、1 464 cm^{-1} 处出现了苯环的骨架振动峰[153],1 248 cm^{-1} 处为 C—O—C 的振动峰。由于化合物的 4 个长链中包含着

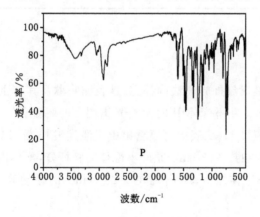

图 2-7 卟啉配体 P 的红外光谱图

4 个亚甲基,所以在 721 cm^{-1} 附近存在着亚甲基面内摇摆振动峰。红外光谱证明了所合成化合物的结构。

表 2-2　卟啉配体 P 的红外光谱数据(KBr)

波数/cm^{-1}	强度	归属
3 315	w	N—H(吡咯环)(ν)
3 049	m	C—H(苯环)(ν)
2 924	s	C—H(ν)
2 854	s	C—H(ν)
1 599	m	C_m—C_α,C_α—N,C=C(ν)
1 464	m	C=N(ν)
1 329	m	(C—N)(吡咯环)(ν)
1 248	m	Ar—O—C(ν)
1 174	s	C_β—H(δ)
997	s	$\pi_{(p)}$
966	m	N—H(吡咯环)(δ)
802	m	$\pi_{(p)}$
721	s	C—H—$(CH_2)_4$—(γ)

2.3.5　拉曼光谱

拉曼光谱法是对红外光谱法的补充,是表征卟啉及其衍生物的结构的有效方法。图 2-8 给出了卟啉配体 P 的拉曼光谱图。卟啉配体 P 的拉曼光谱数据和峰的归属列于表 2-3。从表中可以看出由于激发波长为 514.5 nm,激发频率对卟啉 Q 带是共振的。962 cm^{-1} 是卟啉配体的特征峰,配体出现在 1 551 cm^{-1} 的峰归属为 C_β—C_β 伸缩振动,出现在 1 239 cm^{-1} 的振动峰归属为 C_m—Ph 的振动。

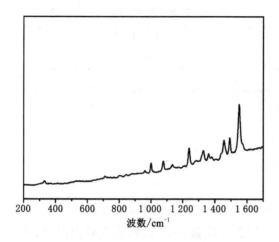

图 2-8　卟啉配体 P 的拉曼光谱图

表 2-3　卟啉配体 P 的拉曼光谱数据

波数/cm^{-1}	强度	模数	归属
1 551	vs	ν_2	C_β—$C_\beta(\nu)$
1 492	m	Φ_5	苯环
1 453	m	ν_3	C_α—$C_\beta(\nu)$
1 361	w	ν_4	C_α—N/C_α—$C_\beta(\nu)$
1 239	m	ν_1	C_m—Ph(ν)
1 137	w	Φ_6	C_m—Ph(ν)
1 079	w	ν_9	C_β—H(ν)
1 001	m	$\nu_{15}+\Phi_8$	C_α—C_β/C_α—N(ν)
962	w	ν_6	N—H(吡咯环)(β)
331	w	ν_8	N—M(ν)

2.3.6　元素分析

咔唑取代卟啉的元素分析数据见表 2-4,从表中可以看出,所合成的卟啉化合物的元素分析结果与理论值基本吻合,表明所合成的化合物是目标产物。

表 2-4　卟啉配体 P 的元素分析数据

元素分析 [a]/%		
$w(C)$	$w(H)$	$w(N)$
82.90(82.94)	5.85(5.80)	7.13(7.16)

[a] 理论值在括号中给出。

2.4　本章小结

　　本章合成了一种新型的咔唑取代卟啉化合物:5,10,15,20-四-[4-(N-咔唑)丁烷氧苯基]卟啉,并通过核磁共振氢谱、飞行时间质谱、紫外-可见吸收光谱、红外光谱、拉曼光谱和元素分析等对所合成出来的咔唑取代卟啉化合物进行了表征,确认了所合成的目标化合物的分子结构。

3 咔唑取代卟啉金属配合物的合成与表征

本章中制备了 6 种咔唑取代卟啉的钴、镍、铜、锌、铂、钯过渡金属配合物和 4 种咔唑取代卟啉的钐、铕、铽、镝稀土金属配合物,所有合成的卟啉金属配合物都经核磁共振氢谱、紫外-可见吸收光谱、红外光谱、拉曼光谱和元素分析等手段表征。

3.1 试剂与仪器

3.1.1 实验试剂

(1) 氯化钴(A. R.);

(2) 氯化镍(A. R.);

(3) 氯化铜(A. R.);

(4) 氯化锌(A. R.);

(5) 氯化铂(A. R.);

(6) 氯化钯(A. R.);

(7) 氧化钐(A. R.);

(8) 氧化铕(A. R.);

(9) 氧化铽(A. R.);

(10) 氧化镝(A. R.);

(11) 咪唑(A. R.);

(12) 苯腈(A. R.)。

其他化学试剂已在第 2 章中进行了说明。

3.1.2　实验仪器

（1）Varian Unity-500 核磁共振仪；

（2）Shimadzu UV-3000 紫外可见光谱仪；

（3）Nicolet 5PC FT-IR 红外光谱仪（KBr 压片）；

（4）Renishaw invia 共聚焦显微拉曼光谱仪；

（5）Perkin-Elemer 240C 元素分析仪。

3.2　咔唑取代卟啉金属配合物的合成

3.2.1　卟啉过渡金属（钴、镍、铜、锌）配合物的合成

以卟啉过渡金属配合物卟啉锌（PZn）的合成为例：在三口瓶中加入 0.03 g（0.02 mmol）5,10,15,20-四-[4-（N-咔唑）丁烷氧苯基]卟啉、20 mL DMF 和 20 mL氯仿,通氮气 30 min,加入 0.04 g（0.2 mmol）$ZnCl_2 \cdot 4H_2O$,在氮气保护下加热搅拌回流,用紫外光谱监测反应进程。大约 3 h 后反应完全,减压蒸去溶剂,将产物溶于二氯甲烷中制成饱和溶液,以 200～300 目的硅胶为固定相、二氯甲烷为淋洗液,收集第二层析带并进行二次柱层析,产物为紫色卟啉配合物 PZn 固体,产率为 85%。合成路线如图 3-1 所示。

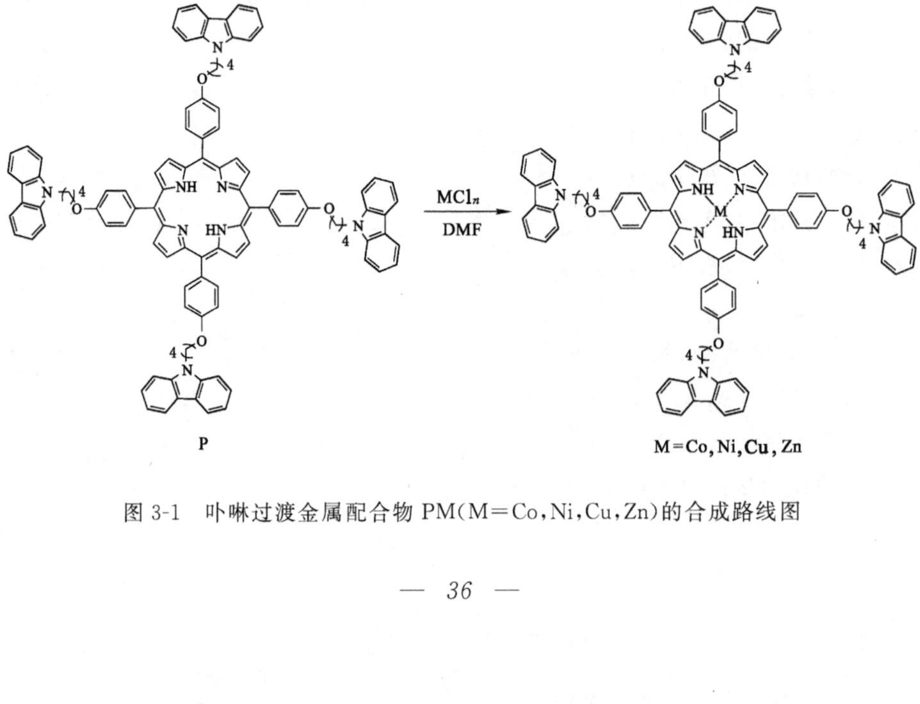

图 3-1　卟啉过渡金属配合物 PM（M＝Co,Ni,Cu,Zn）的合成路线图

其他卟啉过渡金属配合物卟啉钴（PCo）、卟啉镍（PNi）、卟啉铜（PCu）的合成过程与之类似，产率均在80%以上。

3.2.2　卟啉过渡金属（铂、钯）配合物的合成

以卟啉过渡金属铂配合物卟啉铂（PPt）的合成为例：在三口瓶中加入0.03 g（0.02 mmol）5,10,15,20-四-[4-(N-咔唑)丁烷氧苯基]卟啉和100 mL苯腈，通氮气30 min，加入0.05 g（0.2 mmol）二氯化铂，在氮气保护下加热搅拌回流，用紫外光谱监测反应进程。大约10 h后反应完全，减压蒸去苯腈，将产物溶于二氯甲烷中制成饱和溶液，以200～300目的硅胶为固定相、二氯甲烷为淋洗液，收集第二层析带并进行二次柱层析，产物为紫色卟啉配合物PPt固体，产率为90%。

卟啉过渡金属钯配合物卟啉钯（PPd）的合成过程与之类似，产率91%。合成路线如图3-2所示。

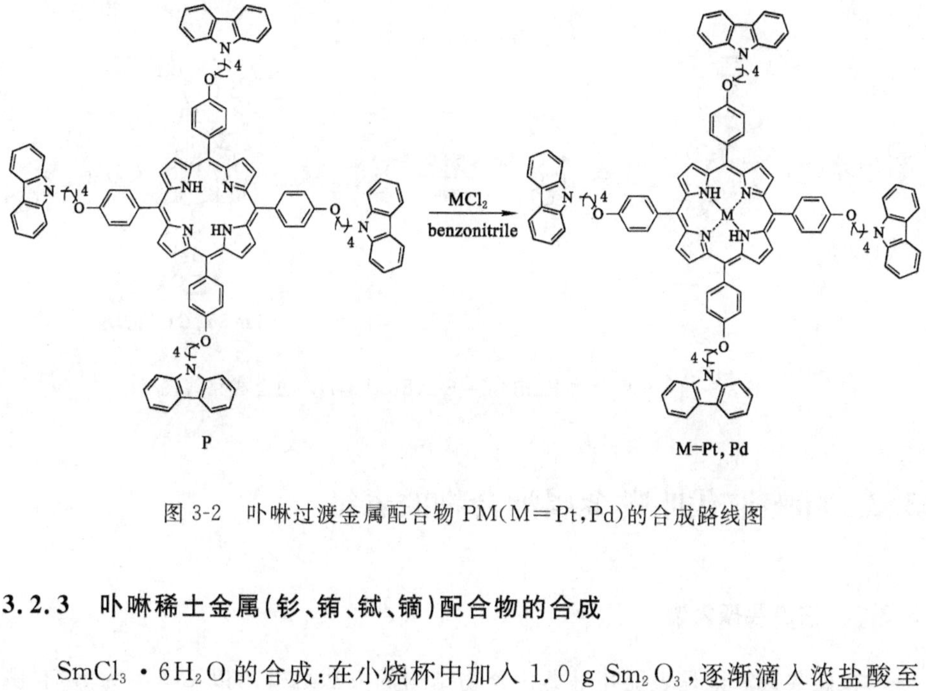

图3-2　卟啉过渡金属配合物 PM（M＝Pt,Pd）的合成路线图

3.2.3　卟啉稀土金属（钐、铕、铽、镝）配合物的合成

$SmCl_3 \cdot 6H_2O$ 的合成：在小烧杯中加入1.0 g Sm_2O_3，逐渐滴入浓盐酸至 Sm_2O_3 完全溶解，加热并搅拌，将过量的盐酸驱赶出去，当溶液的 pH 值为6左右时停止加热，冷却，析出白色晶体，80 ℃真空干燥，得到目标化合物 $SmCl_3 \cdot 6H_2O$，产率为93%。其他三种稀土金属（Eu、Tb、Dy）的氯化物的制备

方法和此方法类似,产率均在 90 % 以上,在制备 Tb 的氯化物时除了需要加入盐酸之外还要加入双氧水进行氧化处理。

以卟啉稀土金属配合物卟啉钐(PSm)的合成为例:在三口瓶中加入 0.03 g (0.02 mmol) 5,10,15,20-四-[4-(N-咔唑)丁烷氧苯基]卟啉、0.07 g(0.2 mmol) $SmCl_3 \cdot 6H_2O$ 和 9 g 咪唑,通入氮气除氧 30 min,在氮气保护下搅拌加热至 210 ℃,用紫外光谱监测反应进程。大约 3 h 后反应完全,将反应体系冷却至 100 ℃,加入 100 mL 沸水,快速进行减压过滤除去咪唑和剩余的 $SmCl_3 \cdot 6H_2O$,向沉淀中加入氯仿和乙醇的混合溶液(两者体积比 5∶1),用蒸馏水反复萃取多次至水层无色,向溶液中逐滴加入 0.1% $AgNO_3$ 溶液,至不再有白色的 AgCl 沉淀生成。以 200~300 目的硅胶为固定相、二氯甲烷为淋洗液,收集第二层析带并进行二次柱层析,产物为紫色卟啉稀土配合物 PSm 固体,产率为 93%。其他三种卟啉稀土金属配合物卟啉铕(PEu)、卟啉铽(PTb)、卟啉镝(PDy)的合成和此方法类似,产率均可达到 90% 以上。合成路线如图 3-3 所示。

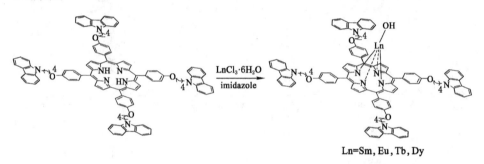

Ln=Sm,Eu,Tb,Dy

图 3-3 卟啉配合物 PLn(Ln=Sm,Eu,Tb,Dy)的合成路线图

3.3 咔唑取代卟啉金属配合物的表征

3.3.1 核磁共振氢谱

核磁共振氢谱是表征卟啉类化合物结构的方法之一。以 $CDCl_3$ 为溶剂,测试了合成的几种卟啉金属配合物的核磁共振氢谱(^1H NMR),数据如表 3-1 所示,卟啉金属配合物与卟啉配体相比,环中央在 -2.79 处的 N—H 的 s 单峰消失,标志卟啉配体完成金属化生成卟啉金属配合物[154]。在对过渡金属配合物

进行核磁共振氢谱测试中,只得到了 Co、Ni 和 Zn 的配合物的核磁共振氢谱数据,而没有得到 Cu、Pt 和 Pd 的配合物满意的数据,主要是因为 Cu、Pt 和 Pd 作为典型的顺磁性金属,对核磁共振场有干扰。稀土金属配合物的核磁共振氢谱在 0.23~0.25 处出现一个 s 单峰,可以归属为羟基上的 H,表明除了卟啉配体,稀土离子还和羟基进行了配位,而不是氯离子[154],稀土氯化物与卟啉反应生成的最终产物是含羟基的卟啉化合物。

表 3-1 卟啉金属配合物的核磁共振氢谱数据

卟啉金属配合物	^1H NMR(CDCl$_3$)
PCo	8.82 (s,8H,吡咯环),8.39~8.39 (m,8H,o-C$_6$H$_4$),8.11~8.16(m,8H,咔唑环 C$_1$—H),8.06~8.10 (m,8H,m-C$_6$H$_4$),7.89 (d,J=8.0 Hz,16H,咔唑环 C$_{2,3}$—H),7.26 (t,J=7.5 Hz,8H,咔唑环 C$_4$—H),4.56 (t,J=7.0 Hz,8H,—O—CH$_2$—),4.25 (t,J=6.5 Hz,8H,—N—CH$_2$—),2.87~2.95 (m,8H,—N—C—CH$_2$—),2.04~2.06 (m,8H,—O—C—CH$_2$—)
PNi	8.83 (s,8H,吡咯环),8.42~8.47 (m,8H,o-C$_6$H$_4$),8.15~8.16 (m,8H,咔唑环 C$_1$—H),8.06~8.09 (m,8H,m-C$_6$H$_4$),7.55 (d,J=8.0 Hz,16H,咔唑环 C$_{2,3}$—H),7.26 (t,J=7.5 Hz,8H,咔唑环 C$_4$—H),4.58 (t,J=7.0 Hz,8H,—O—CH$_2$—),4.26 (t,J=6.5 Hz,8H,—N—CH$_2$—),2.88~2.95 (m,8H,—N—C—CH$_2$—),2.05~2.08 (m,8H,—O—C—CH$_2$—)
PZn	8.83 (s,8H,吡咯环),8.44~8.45 (m,8H,o-C$_6$H$_4$),8.11~8.16 (m,8H,咔唑环 C$_1$—H),7.99~8.10 (m,8H,m-C$_6$H$_4$),7.54 (d,J=8.0 Hz,16H,咔唑环 C$_{2,3}$—H),7.25 (t,J=7.5 Hz,8H,咔唑环 C$_4$—H),4.57 (t,J=7.0 Hz,8H,—O—CH$_2$—),4.24 (t,J=6.5 Hz,8H,—N—CH$_2$—),2.87~2.95 (m,8H,—N—C—CH$_2$—),2.05~2.06 (m,8H,—O—C—CH$_2$—)
PSm	8.83 (s,8H,吡咯环),8.44~8.46 (m,8H,o-C$_6$H$_4$),8.14~8.17(m,8H,咔唑环 C$_1$—H),8.07~8.10(m,8H,m-C$_6$H$_4$),7.54 (d,J=8.0 Hz,16H,咔唑环 C$_{2,3}$—H),7.25 (t,J=7.5 Hz,8H,咔唑环 C$_4$—H),4.55 (t,J=7.0 Hz,8H,—O—CH$_2$—),4.24 (t,J=6.5 Hz,8H,—N—CH$_2$—),2.22~2.319 (m,8H,—N—C—CH$_2$—),2.02~2.06 (m,8H,—O—C—CH$_2$—),0.24 (s,1H,—OH)
PEu	8.82 (s,8H,吡咯环),8.42~8.46 (m,8H,o-C$_6$H$_4$),8.13~8.15 (m,8H,咔唑环 C$_1$—H),8.05~8.08 (m,8H,m-C$_6$H$_4$),7.53 (d,J=8.0 Hz,16H,咔唑环 C$_{2,3}$—H),7.26 (t,J=7.5 Hz,8H,咔唑环 C$_4$—H),4.55 (t,J=7.0 Hz,8H,—O—CH$_2$—),4.26 (t,J=6.5 Hz,8H,—N—CH$_2$—),2.28~2.30 (m,8H,—N—C—CH$_2$—),2.03~2.06 (m,8H,—O—C—CH$_2$—),0.26 (s,1H,—OH)

表 3-1(续)

卟啉金属 配合物	^{1}H NMR(CDCl$_3$)
PTb	8.83 (s,8H,吡咯环),8.43~8.48 (m,8H,o-C$_6$H$_4$),8.13~8.18 (m,8H,咔唑环 C$_1$—H),8.02~8.09 (m,8H,m-C$_6$H$_4$),7.54 (d,J=8.0 Hz,16H,咔唑环 C$_{2,3}$—H),7.23 (t,J=7.5 Hz,8H,咔唑环 C$_4$—H),4.55 (t,J=7.0 Hz,8H,—O—CH$_2$—),4.26 (t,J=6.5 Hz,8H,—N—CH$_2$—),2.88~2.95 (m,8H,—N—C—CH$_2$—),2.04~2.07 (m,8H,—O—C—CH$_2$—),0.23 (s,1H,—OH)
PDy	8.82 (s,8H,吡咯环),8.43~8.48 (m,8H,o-C$_6$H$_4$),8.13~8.16 (m,8H,咔唑环 C$_1$—H),8.06~8.09 (m,8H,m-C$_6$H$_4$),7.54 (d,J=8.0 Hz,16H,咔唑环 C$_{2,3}$—H),7.24 (t,J=7.5 Hz,8H,咔唑环 C$_4$—H),4.56 (t,J=7.0 Hz,8H,—O—CH$_2$—),4.26 (t,J=6.5 Hz,8H,—N—CH$_2$—),2.27~2.29 (m,8H,—N—C—CH$_2$—),2.06~2.08 (m,8H,—O—C—CH$_2$—),0.25 (s,1H,—OH)

3.3.2　紫外-可见吸收光谱

将系列卟啉金属配合物配制成 1×10^{-5} mol/L 的二氯甲烷溶液进行紫外-可见吸收光谱测试,卟啉金属配合物的紫外-可见吸收光谱图如图 3-4 和图 3-5 所示,数据列于表 3-2。

表 3-2　卟啉金属配合物的紫外-可见吸收光谱数据

卟啉金属 配合物	λ_{max}/nm($\varepsilon\times10^{-3}$)	
	Soret 带	Q 带
PCo	415(222.0)	530(25.6)
PNi	423(290.1)	541(23.0)
PCu	420(316.4)	542(25.0)
PZn	423(264.0)	550(19.8)、590(6.3)
PPt	429(246.3)	523(19.2)、560(9.1)
PPd	431(221.8)	536(22.8)、569(7.3)
PSm	423(233.3)	519(11.2)、555(13.4)、593(6.8)
PEu	423(243.6)	519(12.6)、557(12.8)、596(6.3)
PTb	424(228.2)	519(11.5)、554(11.2)、594(6.5)
PDy	424(235.6)	519(12.3)、556(12.4)、595(6.2)

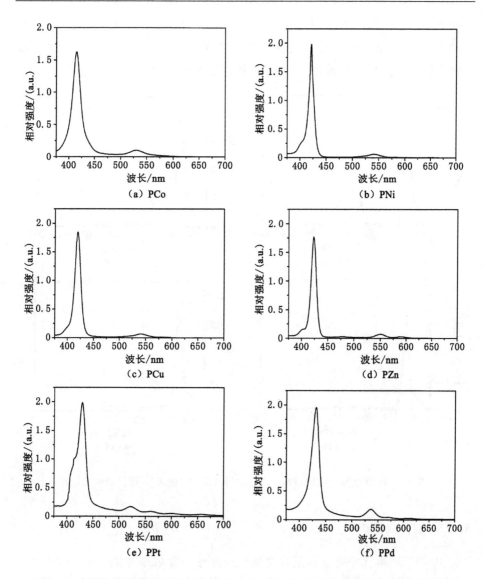

图 3-4 卟啉金属配合物(PCo,PNi,PCu,PZn,PPt 和 PPd)的紫外-可见吸收光谱图

由图 3-4、图 3-5 和表 3-2 可见,紫外-可见吸收光谱显示了 1 个 Soret 带,1～3 个 Q 带,这是卟啉金属配合物的特征吸收曲线。与卟啉配体 P 相比,由 $a_{1u}(\pi)$—$e_g^*(\pi)$跃迁产生的 Soret 带发生了一定的移动,由 $a_{2u}(\pi)$—$e_g^*(\pi)$跃迁产生的 Q 带减少为 1～3 个。卟啉金属配合物的紫外-可见吸收光谱表明金属离子进入卟啉环内与中心 N 原子络合,金属离子位于卟啉大环中心,使卟啉分

子的分子轨道对称性增强,由 D_{2h} 变为 D_{4h},分裂程度减小,简并度增加。电子跃迁种类的减少,最终导致 Q 带数目减少[155]。紫外-可见吸收光谱可以用来判断卟啉配体是否实现了金属化,生成卟啉金属配合物。

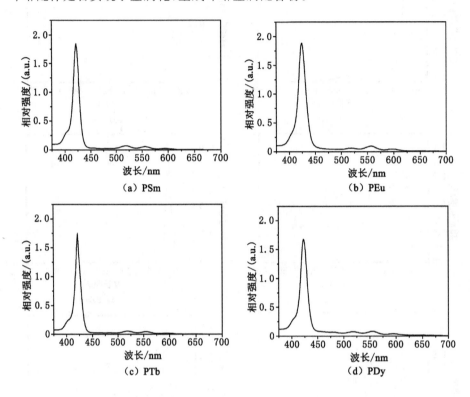

图 3-5　卟啉金属配合物(PSm,PEu,PTb 和 PDy)的紫外-可见吸收光谱图

3.3.3　红外光谱

10 种咔唑取代卟啉金属配合物的红外光谱图和数据如图 3-6、图 3-7 和表 3-3 所示,和卟啉配体相比,卟啉金属配合物的红外光谱发生了变化。卟啉配体在 3 315 cm^{-1} 处的 N—H 伸缩振动峰和 966 cm^{-1} 处的 N—H 弯曲振动峰消失,这是因为金属离子进入卟啉孔穴中,取代了 N—H 键上的氢原子,金属离子与 N 配位生成了 4 个 M—N 键,由此证明卟啉配体生成了卟啉配合物[156]。同时,卟啉配体出现在 997 cm^{-1} 处的骨架振动峰,生成配合物后向高波数移动且增强,分别为 1 005 cm^{-1}(Co),1 004 cm^{-1}(Ni),1 005 cm^{-1}(Cu),1 006 cm^{-1}(Zn),1 007 cm^{-1}(Pt),1 008 cm^{-1}(Pd),1 005 cm^{-1}(Sm),1 004 cm^{-1}(Eu),

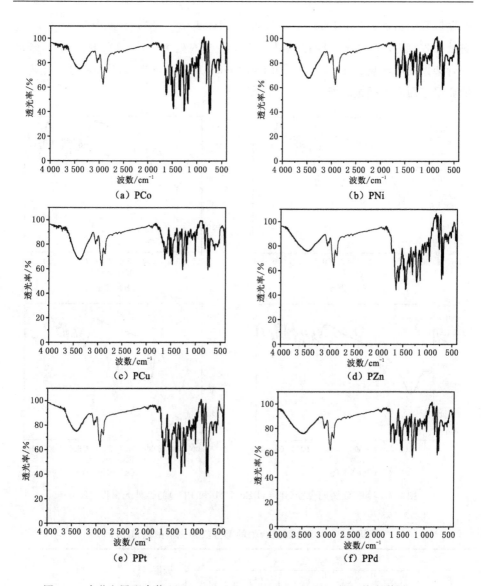

图 3-6　卟啉金属配合物(PCo,PNi,PCu,PZn,PPt 和 PPd)的红外光谱图(KBr)

1 005 cm^{-1}(Tb),1 006 cm^{-1}(Dy),这也可以证明卟啉配体生成了卟啉金属配合物。如果卟啉配体环中心的 N—H 键上的氢原子是被稀土金属取代的,那么在1 061～1 068 cm^{-1}处会出现吸收峰,因为 N—H 键变为 N—Ln 键。同时,由于稀土离子是三价的,除了与卟啉环配位还与—OH 配位,所以在 3 444～3 454 cm^{-1}处出现宽峰,证明生成的卟啉配合物是六配位的。化合物的 C—H

伸缩振动峰出现在 3 049 cm^{-1}、2 924 cm^{-1}、2 854 cm^{-1}左右处,其中 3 049 cm^{-1}左右处吸收峰为苯环的 C—H 振动,1 248 cm^{-1}左右处为 C—O—C 的振动峰,苯环的骨架振动峰出现在 1 599 cm^{-1}和 1 464 cm^{-1}左右处,725 cm^{-1}左右处为化合物的亚甲基面内摇摆振动峰。

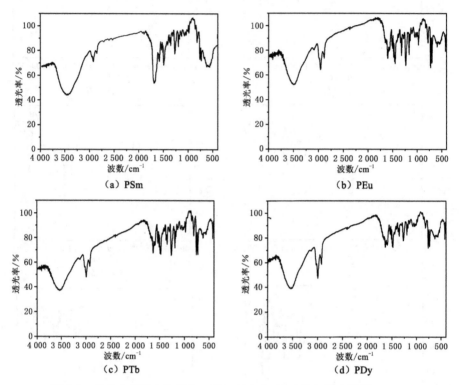

图 3-7　卟啉金属配合物(PSm,PEu,PTb 和 PDy)的红外光谱图(KBr)

表 3-3　卟啉金属配合物的部分红外光谱数据(KBr)

波数/cm^{-1}						强度	归属
PCo	PNi	PCu	PZn	PPt	PPd		
3 050	3 047	3 045	3 049	3 050	3 049	m	C—H(苯环)(ν)
2 920	2 922	2 924	2 924	2 925	2 925	s	C—H(ν)
2 860	2 850	2 852	2 850	2 854	2 854	s	C—H(ν)
1 600	1 602	1 603	1 601	1 599	1 599	m	C_m—C_α,C_α—N,C=C(ν)
1 460	1 460	1 461	1 464	1 459	1 465	m	C=N(ν)
1 320	1 327	1 325	1 325	1 328	1 330	m	C—N(吡咯环)(ν)

表 3-3(续)

波数/cm⁻¹						强度	归属
PCo	PNi	PCu	PZn	PPt	PPd		
1 250	1 246	1 248	1 246	1 245	1 244	m	Ar—O—C(ν)
1 170	1 170	1 169	1 168	1 174	1 176	s	C_β—H(δ)
1 005	1 004	1 005	1 006	1 007	1 008	s	$\pi_{(p)}$
806	804	806	810	811	809	m	$\pi_{(p)}$
725	725	723	725	725	726	m	C—H—(CH₂)₄—(γ)

波数/cm⁻¹				强度	归属
PSm	PEu	PTb	PDy		
3 450	3 444	3 454	3 446	w	O—H
3 050	3 047	3 045	3 049	s	C—H(苯环)(ν)
2 926	2 922	2 924	2 924	s	C—H(ν)
2 860	2 850	2 852	2 850	m	C—H(ν)
1 600	1 601	1 601	1 601	m	C_m—C_a，C_a—N，C=C(ν)
1 464	1 460	1 461	1 464	m	C=N(ν)
1 325	1 325	1 327	1 327	w	C—N(吡咯环)(ν)
1 244	1 244	1 244	1 246	m	Ar—O—C(ν)
1 174	1 170	1 169	1 168	s	C_β—H(δ)
1 063	1 061	1 066	1 068	w	Ln—OH
1 005	1 004	1 005	1 006	s	$\pi_{(p)}$
806	804	803	808	m	$\pi_{(p)}$
725	725	723	725	m	C—H—(CH₂)ₙ—(γ)

3.3.4　拉曼光谱

卟啉过渡金属配合物 PCu 的拉曼光谱图如图 3-8 所示,其拉曼光谱数据和经验归属列于表 3-4。由于激发波长为 514.5 nm,激发频率对卟啉 Q 带是共振的。卟啉配体 P 在 962 cm⁻¹ 处的特征峰,在形成金属配合物后消失,这是判断形成卟啉金属配合物的标志。卟啉配体 P 出现在 1 551 cm⁻¹ 的峰在卟啉过渡金属配合物中向高波数移动(PZn 除外),因为卟啉配体金属化后,金属离子占据卟啉大环中心,使卟啉分子的分子轨道对称性增强。对于 Co²⁺、Ni²⁺、Cu²⁺、Zn²⁺ 等二价的卟啉过渡金属配合物,卟啉环上的骨架振动位于 1 553 cm⁻¹、

1 501 cm^{-1}、1 455 cm^{-1}、1 369 cm^{-1}、1 004 cm^{-1}左右处,不同卟啉过渡金属配合物卟啉环的波数顺序为 $\sigma_{Co^{2+}} > \sigma_{Ni^{2+}} > \sigma_{Cu^{2+}} > \sigma_{Zn^{2+}}$。不同卟啉过渡金属配合物卟啉环上的振动峰不同是因为它们的结构均为平面正方形,由于 d 轨道分裂,当 Zn^{2+} 的 d$_{x^2-y^2}$ 轨道上填充电子时,对卟啉环上的氮原子起排斥作用,拉曼频率降低[157]。C$_m$-Ph 的振动峰出现在 1 239 cm^{-1}处,而配合物的振动峰值向低波数移动,卟啉配体金属化后,苯环和卟啉环产生了扭曲[158]。

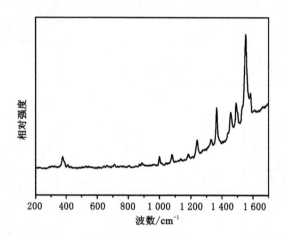

图 3-8　卟啉过渡金属配合物 PCu 的拉曼光谱图

表 3-4　卟啉过渡金属配合物的拉曼光谱数据

波数/cm^{-1}						模数	归属
PCo	PNi	PCu	PZn	PPt	PPd		
1 553vs	1 553vs	1 553vs	1 540vs	1 553vs	1 553vs	ν_2	C$_\beta$—C$_\beta$(ν)
1 501m	1 501m	1 500m	1 484m	1 492m	1 492m	Φ_5	苯环
1 455m	1 455m	1 453m	1 452m	1 455m	1 455m	ν_3	C$_\alpha$—C$_\beta$(ν)
1 369vs	1 368vs	1 360vs	1 350vs	1 369vs	1 368vs	ν_4	C$_\alpha$—N/C$_\alpha$—C$_\beta$(ν)
1 239m	1 239m	1 235m	1 240m	1 239m	1 239m	ν_1	C$_m$—P$_h$(ν)
1 173w	1 189w	1 189w	1 176w	1 173w	1 189w	Φ_6	C$_m$—P$_h$(ν)
1 074m	1 073m	1 071m	1 080w	1 074m	1 073m	ν_9	C$_\beta$—H(ν)
1 004m	999m	999m	980m	1 004m	999m	ν_{15}	C$_\alpha$—C$_\beta$/C$_\alpha$—N(ν)
886w	886w	886w	886w	886w	886w	ν_7	苯环
379w	379w	379w	379w	379w	379w	ν_8	N—M(ν)

3.3.5　元素分析

卟啉金属配合物的元素分析数据如表 3-5 所示,表中所合成的卟啉金属配合物的元素分析结果与理论值基本符合,可以此来确定所合成化合物为目标化合物。

表 3-5　卟啉金属配合物的元素分析数据

卟啉金属配合物	经验化学式	$w(C)/\%$ *	$w(H)/\%$ *	$w(N)/\%$ *
PCo	$C_{108}H_{88}N_8O_4Co$	80.07(80.03)	5.39(5.47)	6.88(6.91)
PNi	$C_{108}H_{88}N_8O_4Ni$	80.00(80.04)	5.52(5.47)	6.89(6.91)
PCu	$C_{108}H_{88}N_8O_4Cu$	79.69(79.80)	5.40(5.46)	6.97(6.89)
PZn	$C_{108}H_{88}N_8O_4Zn$	79.64(79.71)	5.43(5.45)	6.93(6.89)
PPt	$C_{108}H_{88}N_8O_4Pt$	73.79(73.83)	5.09(5.05)	6.35(6.38)
PPd	$C_{108}H_{88}N_8O_4Pd$	77.78(77.75)	5.28(5.32)	6.70(6.72)
PSm	$C_{108}H_{89}N_8O_5Sm$	75.07(75.01)	5.09(5.19)	6.45(6.48)
PEu	$C_{108}H_{89}N_8O_5Eu$	75.01(74.94)	5.11(5.18)	6.46(6.47)
PTb	$C_{108}H_{89}N_8O_5Tb$	74.59(74.64)	5.20(5.16)	6.43(6.45)
PDy	$C_{108}H_{89}N_8O_5Dy$	74.45(74.49)	5.17(5.15)	6.41(6.43)

* 理论值在括号中给出。

3.4　本章小结

共合成了 10 种咔唑取代卟啉金属配合物,其中卟啉过渡金属配合物 6 种,卟啉稀土金属配合物 4 种,通过核磁共振氢谱、紫外-可见吸收光谱、红外光谱、拉曼光谱和元素分析等手段表征,确认了卟啉金属配合物的生成。

4 咔唑取代卟啉配体及其金属配合物的性质研究

4.1 荧光性质

自然界中很多物质都具有发光性质,这是因为这些物质的基态分子可以吸收特定波长的光,分子中的电子会从基态跃迁到激发态,同时,激发态的分子会通过辐射跃迁或无辐射跃迁等方式返回到基态。其中,辐射跃迁的衰变过程会产生寿命比较短的荧光和寿命比较长的磷光,荧光往往是激发单重态直接返回到基态产生的,是多重度相同的状态之间发生辐射跃迁所产生的光,这个过程速度非常快。而磷光是激发单重态通过系间窜越到激发三重态再返回到基态产生的,所以寿命较长。具有荧光发射的材料远远多于磷光发射材料。有机物的发光是分子从激发态回到基态所产生的辐射跃迁现象。荧光和磷光产生的机理如图 4-1 所示。

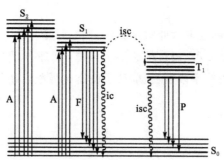

S_0—基态;S_1—第一激发单重态;S_2—第二激发单重态;
T_1—第一激发三重态;A—吸收;F—荧光;P—磷光;ic—内转换;isc—系间窜越。

图 4-1 荧光和磷光产生的机理

卟啉具有大共轭刚性环状结构，HOMO 与 LUMO 之间具有很低的能级差，卟啉化合物常作为免疫分析的荧光探针[159]。本书对系列咔唑取代卟啉及其过渡金属和稀土金属配合物的荧光性能进行了研究，探究了其作为荧光探针材料的可行性。

4.1.1　实验仪器及测试条件

荧光光谱是在 Shimadzu RF-5301PC 荧光分光光度计上进行测量的，测量时，所有卟啉化合物的激发波长均选用 420 nm，测试的温度为室温（20 ℃），吸收池为 1 cm×1 cm×4 cm 的石英池，溶剂选用新蒸馏出的三氯甲烷，采用逐步稀释法，卟啉化合物的溶液浓度为 $1×10^{-5}$ mol/L。卟啉铂金属配合物溶液和固体在不同条件下的测试中，激发光和发射光的狭缝宽度分别为 5 nm 和 2.5 nm。其他卟啉化合物的激发光和发射光的狭缝宽度都为 5 nm。

4.1.2　荧光量子效率的计算

测定卟啉化合物的荧光量子效率采用相对法。标准物选取四苯基卟啉锌（ZnTPP），在三氯甲烷溶液中 ZnTPP 的荧光量子效率（Φ_{sample}）为 0.033，激发波长选用 420 nm[160]。卟啉化合物的溶液浓度为 $1×10^{-5}$ mol/L。按如下公式来计算荧光量子效率（Φ_{sample}），其中误差可控制在 ±10％以内。

$$\Phi_{sample} = \frac{F_{sample}}{F_{ZnTPP}} × \frac{A_{ZnTPP}}{A_{sample}} × \Phi_{ZnTPP}$$

其中，F_{sample} 是待测卟啉化合物在波长为 550～750 nm 范围的积分面积，F_{ZnTPP} 是四其中，苯基卟啉锌在波长为 550～750 nm 范围的积分面积，A_{sample} 和 A_{ZnTPP} 分别为待测卟啉化合物和四苯基卟啉锌的吸光度，Φ_{sample} 和 Φ_{ZnTPP} 分别为待测卟啉化合物和四苯基卟啉锌在相同激发波长下的荧光量子效率。

4.1.3　结果与讨论

由于受到中心过渡金属离子的荧光猝灭作用的影响，卟啉过渡金属配合物 PCo 和 PCu 没有检测到荧光发射信号。卟啉配体和其他几种卟啉金属配合物的荧光发射光谱如图 4-2 和图 4-3 所示，其相对应的峰值归属及荧光量子效率如表 4-1 所示。

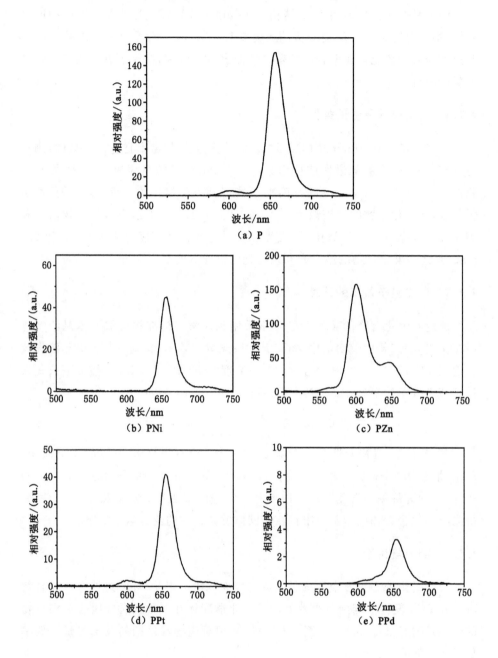

图 4-2　卟啉配体 P 和卟啉金属配合物 PNi、PZn、PPt、PPd 的荧光光谱图

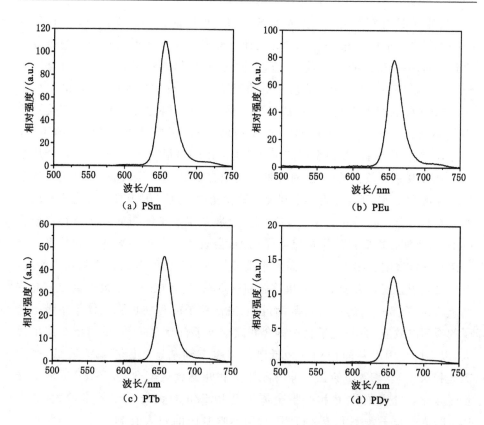

图 4-3　卟啉金属配合物 PSm、PEu、PTb 和 PDy 的荧光光谱图

表 4-1　卟啉金属配合物的荧光光谱数据

卟啉金属配合物	λ_{em}/nm	Φ
P	656	0.020
PNi	657	0.008
PZn	600，648	0.037
PPt	654	0.005
PPd	654	0.001
PSm	655	0.014
PEu	656	0.012
PTb	656	0.006
PDy	656	0.002

卟啉是具有双荧光(S_1荧光和S_2荧光)性质的大环共轭,可以产生B带($S_2 \rightarrow S_0$)的跃迁和Q带($S_1 \rightarrow S_0$)的跃迁。S_2荧光只有在低温和极稀的溶液中才能得到,一般得到的是S_1荧光。从光谱图中可见,卟啉配体P和卟啉金属配合物PNi的第一激发态S_1到基态S_0的荧光发射峰分别位于656 nm和657 nm处,与电子吸收光谱中$Q_y(0,0)$成镜像对称;卟啉金属配合物PZn具有较强的荧光,在600 nm和648 nm处出现发射峰,与电子吸收光谱中$Q_y(0,0)$和$Q_y(1,0)$成镜像对称;配位金属离子对荧光的影响是很明显的,对于卟啉金属配合物PZn观察到较强的荧光,对卟啉金属配合物PNi荧光较弱,而对于卟啉金属配合物PCo和PCu却观察不到荧光发射光谱。这是因为具有开壳型顺磁性电子构型的金属离子的Co(II)、Cu(II)金属外层电子结构的d轨道存在成单电子,形成配合物后仍然保持单电子构型,会破坏卟啉环的大π共轭体系。顺磁性卟啉金属配合物中π—π^*激发单重态与中心金属的多重态之间发生作用,形成自旋多重度具有相似性的单重态和三重态,其间在一定程度上为自旋允许电子跃迁,导致快速的系间窜跃;而且顺磁性粒子的存在加强了体系中带电分子的瞬间磁效应,会与电子自旋耦合并改变电子自旋方向,使系间窜跃速率增大,以上两个因素共同作用使最低激发单重态到基态的跃迁概率降低,产生荧光猝灭[161]。表4-1给出了卟啉配体P和卟啉金属配合物PNi、PZn的荧光量子效率。卟啉配体P和卟啉金属配合物PZn的荧光量子效率较大,其中PZn的荧光量子效率大于ZnTPP,说明咔唑基团的引入有利于分子中能量的传递。

在卟啉稀土金属配合物中,PSm、PEu、PTb、PDy的荧光强度逐渐减小,表明金属离子的配位对卟啉的荧光性有显著的影响,卟啉金属配合物的荧光强度随金属原子的原子序数增大而减小。这是由于金属原子半径越大,越难进入卟啉平面的中心空位,卟啉的共面性越差,导致卟啉的S_1-S_0之间的内转化和S_1-T_1间的系间窜跃增加。同时,由于卟啉配合物中存在顺磁性粒子,体系的瞬间磁效应增加,磁效应与电子自旋耦合并改变电子自旋方向,导致系间跃迁进一步增大。在几种卟啉稀土金属配合物中,PSm和PEu的荧光量子效率最高,推测可能是因为Sm^{3+}和Eu^{3+}具有顺磁性,其S_1位于配体的T_1以下,S_1和S_0之间间隔比较大,能量层较少,很大程度地减小了无辐射跃迁的概率[162]。PTb和PDy的荧光量子效率依次减小,大概是因为Tb^{3+}和Dy^{3+}的S_1和S_0之间间隔较小,无辐射跃迁概率增加。PDy的荧光量子效率是最低的,与配体P相比差了一个数量级,可能是由于Dy^{3+}的激发态电子以$S_1 \rightarrow T_x \rightarrow S_0$为主要跃迁方式,导致荧光量子效率降低程度最大。通过以上分析可以确定 PTb 和 PDy 的激发能量主要以非辐射跃迁的形式失去,因此荧光量子效率较低。

图 4-4 给出了激发波长为 420 nm 时 PPt 的三氯甲烷溶液在空气和真空中的荧光发射光谱,从图中可以看出,PPt 的三氯甲烷溶液在空气中的荧光强度远远低于在真空中的荧光强度。图 4-5 给出了激发波长为 420 nm 时 PPt 固体在空气中、氮气中和氧气中的荧光发射光谱,结果显示 PPt 固体的荧光强度受氧气浓度的影响最大。实验结果表明无论在溶液中还是在固体中,PPt 的荧光都会被氧气分子猝灭,PPt 具有氧气传感性质[163]。

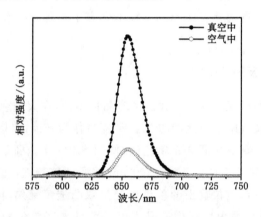

图 4-4　卟啉金属配合物 PPt 的三氯甲烷溶液在空气和真空中的荧光发射光谱

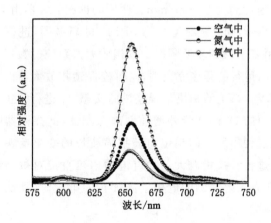

图 4-5　卟啉金属配合物 PPt 固体在空气中、氮气中和氧气中的荧光发射光谱

4.2 表面光电压性质

表面光电压是一种研究高能带间隙半导体表面的新型方法,广泛应用于纳米材料、有机半导体和光能转化等研究。由于卟啉分子是良好的有机半导体,具有特殊的结构和优良的稳定性,其分子性质可以通过连接不同性质的周边取代基和不同类型的金属离子来大幅改变,可以通过吸收外界能量产生特征性的光伏响应,因此卟啉类化合物在表面光电压的研究中占据重要地位。本节用表面光电压技术和电场诱导表面光电压技术研究了 8 种卟啉金属配合物的表面光电压性质。

4.2.1 实验仪器及测试条件

表面光电压谱可经由锁相放大器系统测量得到,在大气室温条件下直接检测。北京畅拓科技有限公司生产的 500 W 氙灯作为光源;北京卓立汉光仪器有限公司提供的 SBP500 光栅分光单色仪,使用 SBP500 光栅单色仪分出的光在 800～600 nm 时,可能会产生 400～300 nm 波段的倍频光,通过在光路上加上滤光片加以消除。单色仪输出的单色光经由双凸透镜聚焦,再通过反光镜(表面镀铝)反射到样品池内照射到样品表面。可见光区单色光的光强经辐照计(北京师范大学光电仪器厂,Radiometer,FZ-A 型)测定,最强处小于 80 mW/cm², 单色仪扫描速度约为 30 nm/min。使用的锁相放大器由美国生产,型号为 Stanford SR830-DSP,同套配有型号为 SR540 的斩波器,进行表面光伏测试的实验时,默认使用 23 Hz 的较低频率。锁相放大器系统的数据采集工作是由与其连接的计算机内运行的程序完成的,同时确保锁相放大器的数据采集与单色仪的波长运行同步。系统的相位角误差按照文献[164]进行校正。使用北京卓立汉光仪器有限公司的 DSi200 紫外增强型硅探测器,此探测器的响应时间仅为 30 ms,光伏测试过程中所得的相位角随扫描波长的变化反映了光电压的产生与衰减的动力学过程。锁相放大器的直流输出可直接对被测量样品施加直流偏压,实验中当向光入射一侧的电极上施加正向电压时,默认为向样品施加正偏压。

4.2.2 结果与讨论

在无外加电场和存在外加电场的测试条件下,研究了卟啉配体和 8 种卟啉过渡金属配合物的表面光电压性质。在无外加电场的测试条件下,卟啉配体 P 没有检测到明显的光电压信号。如图 4-6 所示,卟啉过渡金属配合物 PCo 和 PCu 的最大光电压信号分别为 14.4 μV 和 43.7 μV,大于卟啉过渡金属配合物 PNi(9.2 μV)和 PZn(7.4 μV)的最大光电压信号。对比几种卟啉过渡金属配合物的荧光光谱图,PCo 和 PCu 由于发生荧光猝灭而没有得到发射光谱,而 PNi 和 PZn 的荧光较强。以上结果说明表面光电压与荧光发射属于相互竞争过程,一种物质如果荧光性质较好,那么其光电压信号必然较弱。PCu 在 300～380 nm 范围产生良好的光伏响应,为 P 带光伏响应,是次最高分子占有轨道(NHOMO)向最低空轨道(LUMO)的跃迁[165]产生的,是比较高的能级跃迁。PCu 的表面光电压谱在 400～600 nm 范围是 $\pi \rightarrow \pi^*$ 跃迁产生的。卟啉的 π、π^* 轨道与半导体的价带和导带类似,光生电荷可以在 π 体系的能带中自由运动,光生电荷在导带中运动时,光生空穴则在价带中运动。四种过渡金属配合物中由 $\pi \rightarrow \pi^*$ 跃迁产生的光伏响应远小于 P 带响应,该类卟啉过渡金属配合物的表面光电压谱中 P 带响应占绝对主导地位。

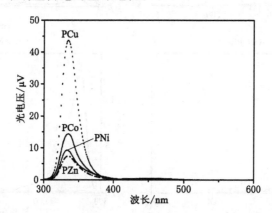

图 4-6　在无外加电场下,卟啉过渡金属配合物 PCo、PNi、PCu
和 PZn 的表面光电压谱图

在外加电场作用下,卟啉过渡金属配合物的场诱导表面光电压谱如图 4-7 所示。在正负电场作用下四种卟啉过渡金属配合物的表面光电压信号主要是由 NHOMO 向 LUMO 跃迁产生的光伏响应。PCo 在外电场为+0.5 V 作用下产生的表面光电压信号有所增强,达到 16.8 μV,在外电场为−0.5 V 时,表面光电压信号大幅度减小,仅为 3.0 μV。PNi 和 PCu 在+0.5 V 电场的作用下均能产生良好的光伏响应,其中 PNi 的表面光电压增加到 76.4 μV,超过了

PCu(76.0 μV),为所有样品中最强的正电场光电压信号;在外电场为—0.5 V时,PNi 和 PCu 的表面光电压分别减少到 7.8 μV 和 27.0 μV。在正电场的作用下,有利于 PCo、PNi 和 PCu 的电荷分离,其中 PNi 的变化最为敏感。此外,PNi 和 PCu 在负电场的作用下,由 NHOMO 向 LUMO 跃迁产生的光伏响应大幅减弱,由 $\pi\rightarrow\pi^*$ 跃迁产生的光伏响应相对增强。PZn 在外电场为+0.5 V 作用下产生的表面光电压信号增大到 13.3 μV,但是在外电场为—0.5 V 时,几乎没有光伏响应,表明负电压阻碍了 PZn 电荷分离。

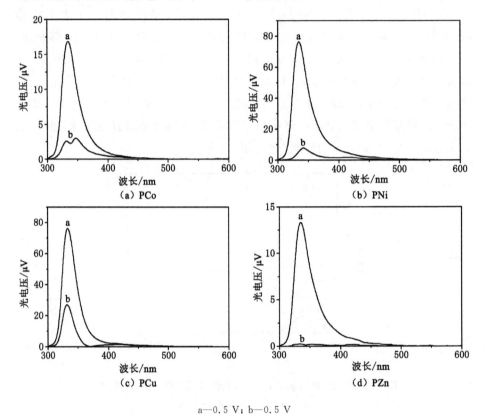

a—0.5 V;b—0.5 V

图 4-7　在外加电场作用下,卟啉过渡金属配合物
PCo、PNi、PCu 和 PZn 的表面光电压谱图

如图 4-8 所示,卟啉稀土金属配合物 PSm、PEu、PTb 和 PDy 的最大光电压信号逐渐增大,分别为 8.3 μV、11.0 μV、17.9 μV 和 29.0 μV,对比四种卟啉稀土金属配合物的荧光光谱,配合物的荧光强度和荧光量子效率都是逐渐减小的,也说明了表面光电压与荧光发射属于相互竞争过程。四种卟啉稀土金属配

合物具有良好的光伏响应,表面光电压光谱在 300～380 nm 范围产生的光伏响应是次最高分子占有轨道(NHOMO)向最低空轨道(LUMO)的跃迁产生的,称为 P 带[165]。表面光电压光谱在 400～600 nm 范围产生的光伏响应是 $\pi \rightarrow \pi^*$ 跃迁产生的。卟啉的 π、π^* 轨道与半导体的价带和导带类似,光生电荷在 π 体系的导带中运动,光生空穴则在价带中运动。四种卟啉稀土金属配合物中由 $\pi \rightarrow \pi^*$ 跃迁产生的光伏响应远小于 P 带响应,该类卟啉稀土金属配合物的表面光电压光谱中 P 带响应占绝对主导地位。

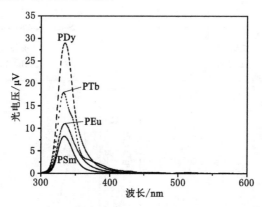

图 4-8　在无外加电场下,卟啉稀土金属配合物 PSm、PEu、

PTb 和 PDy 的表面光电压谱图

在外加电场作用下,卟啉稀土金属配合物的场诱导表面光电压谱如图 4-9 所示。在正负电场作用下四种卟啉稀土金属配合物的表面光电压信号主要是由 NHOMO 向 LUMO 跃迁产生的光伏响应。PSm 在外电场为 +0.5 V 作用下产生的表面光电压信号有所增强,达到 20.7 μV,但在外电场为 -0.5 V 时,表面光电压信号没有变化,保持在 8.3 μV,说明正电场有利于 PSm 电荷的分离,而负电场对电荷分离无影响。PEu、PTb、PDy 在 +0.5 V 电场的作用下均能产生良好的光伏响应,表面光电压分别增加到 25.4 μV、105.6 μV 和 186.7 μV,PTb 和 PDy 在正电场的作用下光电压增加明显,说明在正电场的作用下,有利于配合物 PEu、PTb 和 PDy 的电荷分离,其中 PDy 的变化最为敏感;在外电场为 -0.5 V 时,PEu、PTb 和 PDy 的表面光电压分别减少到 2.0 μV、4.6 μV 和 7.8 μV,同样是 PDy 变化最为敏感,其电荷分离受负电场影响最大。此外,在正电场作用下,四种卟啉稀土金属配合物的最大光电压信号逐渐增大,仍然与荧光发射呈竞争过程,强度变化规律相反。在负电场作用下,配合物 PEu、PTb

和 PDy 的最大光电压信号呈增大趋势。

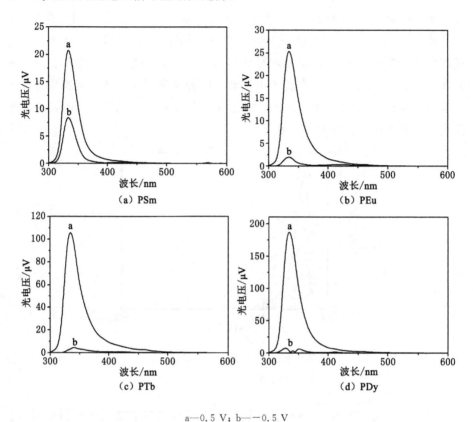

a—0.5 V；b——0.5 V

图 4-9　在外加电场作用下，卟啉稀土金属配合物 PSm、PEu、PTb
和 PDy 的表面光电压谱图

4.3　本章小结

　　本章对系列咔唑取代卟啉配体及其配合物的荧光性质和表面光电压性质
进行了研究，并对它们的这些性质做了详细的讨论。

　　对于卟啉过渡金属配合物来说，卟啉锌配合物均具有较强的荧光和较大的
荧光量子效率，卟啉镍、铂和钯配合物的荧光被较大程度抑制，其原因是具有顺
磁性的金属钴和铜，它们的配合物发生荧光猝灭。无论是在溶液中还是在固体
中，卟啉铂配合物的荧光对氧气浓度敏感。对于卟啉稀土金属配合物来说，其

荧光强度和荧光量子效率较小,配合物的荧光强度和荧光量子效率随金属原子的原子序数增大而减小,这是激发态电子以非辐射跃迁过程回到基态的概率不同所造成的。总之,卟啉配体金属化生成过渡金属配合物和稀土金属配合物,中心金属离子对配合物荧光强度的影响都非常大。

利用表面光电压谱和电场诱导表面光电压谱,对卟啉配体及 8 种卟啉金属配合物进行了测试,在测试的过程中对卟啉配体 P 没有检测到光电压信号,多数卟啉金属配合物都显示了良好的光伏响应。在无外加电场的情况下,卟啉过渡金属配合物 PCo 和 PCu 具有较高的表面光电压,这一结果恰好表明表面光电压与荧光发射属于相互竞争过程,同样的,几种卟啉稀土金属配合物的表面光电压的强度变化与荧光强度变化呈现相反的规律。同时,不同性质的电场对卟啉金属配合物的电荷分离影响显著。这些结论为今后进一步研究卟啉分子在光电器件方面的应用奠定了基础。

5 咔唑取代卟啉铂钯配合物/MCM-41 氧传感性质的研究

卟啉过渡金属配合物经常作为发光分子用于氧气传感的研究,因为其具有较高的荧光量子效率、较长的荧光寿命、发光易被氧气猝灭等特点。介孔分子筛具有较大的比表面积、特殊的孔道结构,不仅能提高材料的选择性,还可以使发光分子处于高度分散状态,减少分子间的自猝灭,提高传感材料的灵敏度。笔者尝试选用介孔分子筛作为载体,卟啉过渡金属配合物组作为发光分子组装形成新型的氧气传感材料和器件,以期其具有良好的氧气传感性能。

在本章中,将第 3 章中合成的卟啉过渡金属配合物卟啉铂(PPt)和卟啉钯(PPd)分别组装到 MCM-41 介孔分子筛中形成不同掺杂浓度的 PPt/MCM-41 和 PPd/MCM-41 组装体,考察组装体对氧气的传感性能。

5.1 介孔分子筛的合成及样品的组装

5.1.1 实验试剂与仪器

实验试剂:

(1) 十六烷基三甲基溴化铵(CTAB)(A. R.)

(2) 白炭黑(98%)。

其他化学试剂已在第 2 章中进行了说明。

实验仪器:

(1) Siemens D5005 衍射仪;

(2) PE UV-VIS Lambda 20 型光谱仪;

(3) Hitachi F-4500 时间分辨荧光光谱仪;

（4）TDS3052 数字荧光示波器和 Nd：YAG 脉冲激光。

5.1.2 介孔分子筛的合成

参考文献[114]，将十六烷基三甲基溴化铵和白炭黑在碱性条件下制备成带有表面活性剂的 MCM-41 介孔分子筛。使用前，在空气气氛中 560 ℃高温焙烧除去表面活性剂。

5.1.3 传感分子与载体的组装

在烧瓶中加入 1 mg PPt 和 10 mL 二氯甲烷，搅拌 5 min，使其完全溶解。向溶液中加入 100 mg 除去表面活性剂的 MCM-41 介孔分子筛，室温搅拌 1 h，MCM-41 介孔分子筛由白色变为黄色，减压过滤保留沉淀，用二氯甲烷多次洗涤，用紫外-可见吸收光谱监测，至滤液中 PPt 的特征吸收消失。将产物置于空气中室温晾干，收集得到黄色的 PPt/MCM-41 组装体，掺杂浓度为 10 mg/g。调节初始 PPt 的用量，可以制备不同浓度的 PPt/MCM-41 组装体。本章制备了 10 mg/g、20 mg/g、40 mg/g 三个浓度的组装体。

笔者采用类似的方法制备了卟啉钯配合物 PPd 与 MCM-41 介孔分子筛的 10 mg/g、20 mg/g、40 mg/g 三个浓度的组装体。

5.1.4 组装体的氧气传感实验

氧气传感测试的实验装置是自制的，如图 5-1 所示，把发光分子与 MCM-41 介孔分子筛组装体样品固定在自制样品池中的样品架上，样品池上具有两个

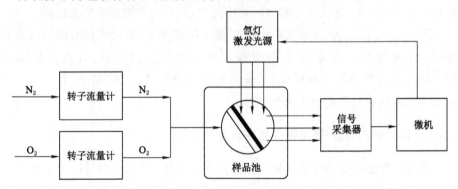

图 5-1 自制氧气传感测试实验装置示意图

相互成直角分别透过激发光和发射光的石英窗口，样品架与两条光路均呈 45°角。氮气和氧气储存在钢瓶中，通过转子流量计通入样品池中并控制样品池中氮气和氧气的浓度。首先测试在纯氮气和纯氧气条件下组装体的发射光谱，然后依次测试在不同氧气浓度下组装体的发射光谱，最后测试组装体对氧气的响应时间。

5.2　结果与讨论

将合成的卟啉过渡金属配合物卟啉铂（PPt）和卟啉钯（PPd）分别组装到 MCM-41 介孔分子筛中形成不同掺杂浓度的 PPt/MCM-41 和 PPd/MCM-41 组装体，此处主要讨论 20 mg/g 浓度的组装体。

5.2.1　组装体内外表面的组装研究

配合物 PPt 和 PPd 是发光化合物，在紫外灯下观察，少量的配合物固体均可显示出很强的红光发射。在 PPt 或 PPd 的二氯甲烷溶液中加入未经焙烧的 MCM-41 介孔分子筛，减压过滤并对沉淀多次洗涤后，得到的 MCM-41 介孔分子筛呈无色，在紫外灯照射下观察不到红色的卟啉的特征发射光。采用相同的方法处理焙烧过的 MCM-41 介孔分子筛，则分别得到黄色和淡黄色的产物，用二氯甲烷溶液多次洗涤，仍未见变化，该产物在紫外灯照射下会看到红色的卟啉的特征发射光。上述实验结果表明只有在经过高温焙烧除掉表面活性剂的情况下，载体 MCM-41 介孔分子筛才能吸附配合物 PPt、PPd，即两种配合物是组装进入 MCM-41 介孔分子筛空的孔道之中，而不是被吸附在外表面的。

图 5-2 和图 5-3 分别为 MCM-41 吸附 PPt 前后的 X-射线粉末衍射谱图和 MCM-41 吸附 PPd 前后的 X-射线粉末衍射谱图。谱图显示，在组装前后 MCM-41 的谱图没有明显的变化，证明卟啉化合物进入 MCM-41 介孔分子筛的立方孔道结构后孔道结构未被破坏。

5.2.2　组装体的紫外-可见吸收光谱研究

图 5-4 为配合物 PPt 的二氯甲烷溶液和组装体 PPt/MCM-41(20 mg/g) 的紫外-可见吸收光谱，两个吸收光谱形状相同，证明 PPt 在组装进分子筛 MCM-41 之后配合物的光学性质没有改变。因此可以认为 PPt 与 MCM-41 的组装体在组装前后 PPt 没有被破坏，PPt/MCM-41 组装体体现了卟啉本身的光学性

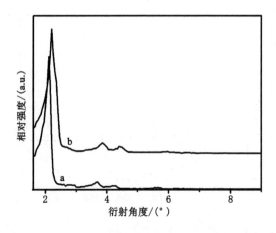

a—MCM-41;b—PPt/MCM-41(20 mg/g)

图 5-2　MCM-41 吸附 PPt 前后的 X-射线粉末衍射谱图

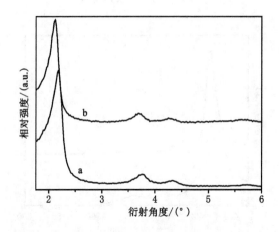

a—MCM-41;b—PPd/MCM-41(20 mg/g)

图 5-3　MCM-41 吸附 PPd 前后的 X-射线粉末衍射谱图

质。图 5-5 为配合物 PPd 的二氯甲烷溶液和组装体 PPd/MCM-41(20 mg/g)
的紫外-可见吸收光谱。两个吸收光谱形状相同,因此同样可以认为 PPd 与
MCM-41 的组装体在组装前后 PPd 没有被破坏,PPd/MCM-41 组装体体现了
卟啉本身的光学性质。

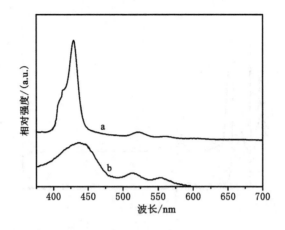

a—PPt 的二氯甲烷溶液；b—组装体 PPt/MCM-41(20 mg/g)

图 5-4　PPt 的二氯甲烷溶液和组装体 PPt/MCM-41(20 mg/g)

的紫外-可见吸收光谱图

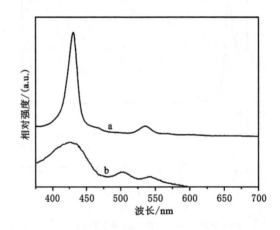

a—PPd 的二氯甲烷溶液；b—组装体 PPd/MCM-41(20 mg/g)

图 5-5　PPd 的二氯甲烷溶液和组装体 PPd/MCM-41(20 mg/g)

的紫外-可见吸收光谱图

5.2.3　组装体的荧光寿命研究

表 5-1 给出了 PPt 固体和 PPt/MCM-41(20 mg/g)组装体在空气中的荧光寿命,测试数据采用双指数拟合,从表中可以看出,PPt 固体的荧光寿命为 6.37

μs,PPt/MCM-41(20 mg/g)组装体的荧光寿命为 6.45 μs,PPt/MCM-41 组装体比 PPt 固体具有更长的荧光寿命。这主要是由于相对于 PPt 固体,PPt/MCM-41组装体中发光分子 PPt 的分散性更好,浓度更低,可以有效地避免发光分子 PPt 之间发生自猝灭[166]。

表 5-1　PPt 固体和 PPt/MCM-41(20 mg/g)组装体在空气中的荧光寿命

测试样品	α_1	$\tau_1/\mu s$	α_2	$\tau_2/\mu s$	$<\tau>/\mu s$	r^2
PPt	0.08	4.23	0.02	10.00	6.37	0.998 7
PPt/MCM-41(20 mg/g)	0.58	4.96	0.02	18.20	6.45	0.996 0

5.2.4　组装体的氧气传感实验

5.2.4.1　氧气对组装体发射光谱的影响

PPt 的荧光可以被氧分子猝灭,猝灭机理是由于能量可以从卟啉金属配合物的最低三重态向氧分子传递,形成单分子氧,所以 PPt 可以用来制备氧传感材料。图 5-6 给出了 PPt/MCM-41(20 mg/g)组装体在室温不同氧气浓度下的发射光谱。光谱显示,PPt/MCM-41(20 mg/g)组装体的最大发射峰在 646 nm 处,在不同氧气浓度下,PPt/MCM-41(20 mg/g)组装体的发射峰位没有明显的变化。但随着氧气浓度从 0 增加到 100％,PPt/MCM-41(20 mg/g)组装体的发射强度发生显著的下降。PPt/MCM-41(10 mg/g)、PPt/MCM-41(20 mg/g)和

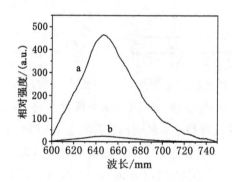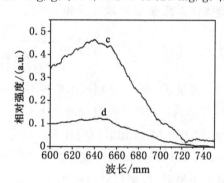

a—0;b—0.1;c—10;d—100％氧气

图 5-6　PPt/MCM-41(20 mg/g)组装体在室温不同氧气浓度下的发射光谱图

PPt/MCM-41(40 mg/g)组装体在纯氧气条件下的发射强度分别是纯氮气条件下的 0.23％、0.03％和 0.08％,即猝灭程度分别达到 99.77％、99.97％和 99.92％。实验结果表明,氧气对 PPt/MCM-41 组装体的发射具有明显的猝灭作用,从猝灭程度可以看出,最好的掺杂浓度是 20 mg/g,这主要是因为当掺杂浓度太低时(10 mg/g),配合物的发光强度太弱,灵敏度太低,而当掺杂浓度太高时(40 mg/g),分子筛空穴中的分子间相互作用增强,发生荧光自猝灭。两种作用互相影响,导致 PPt/MCM-41(20 mg/g)为最佳掺杂材料,这一类的组装体材料有应用于氧气传感材料的潜力。

而在不同氧气浓度下,不同浓度的 PPd/MCM-41 组装体的发射强度几乎没有发生变化,表明氧气对 PPd/MCM-41 组装体的发射没有明显的猝灭作用,这一类的组装体材料不具有氧气传感性质。

5.2.4.2 组装体的氧气传感斯特恩-福尔默曲线

氧气对 PPt/MCM-41 组装体发光强度的猝灭过程可以根据斯特恩-福尔默(Stern-Volmer)方程来分析。斯特恩-福尔默方程如下式所示:

$$\frac{I_0}{I} = 1 + K[Q]$$

式中,I_0 为纯氮气条件下组装体的发光强度,I 为氧气存在时组装体的发光强度,K 为斯特恩-福尔默猝灭常数,$[Q]$ 为样品室内氧气的浓度。

图 5-7 给出了不同浓度 PPt/MCM-41 组装体的斯特恩-福尔默曲线。从图中可以看到,在 0～100％的氧气浓度范围内的斯特恩-福尔默曲线是非线性的。非线性斯特恩-福尔默方程如下式所示:

$$\frac{I_0}{I} = \frac{1}{\dfrac{f_{01}}{1 + K_{SV1}[Q]} + \dfrac{f_{02}}{1 + K_{SV2}[Q]}}$$

这里 f_{01} 和 f_{02} 分别表示两种不同猝灭过程在总猝灭过程中所占分数,K_{SV1} 和 K_{SV2} 表示两种猝灭过程的猝灭常数。斯特恩-福尔默曲线的非线性主要是因为 PPt/MCM-41 组装体的猝灭过程同时包含静态和动态两种猝灭过程,PPt 在 MCM-41 中所处的微环境也有差别[167-170]。组装体对于低浓度的氧气具有非常高的灵敏度:当氧气的浓度为 10％时,PPt/MCM-41(10 mg/g)、PPt/MCM-41(20 mg/g)和 PPt/MCM-41(40 mg/g)组装体的荧光分别被猝灭了 99.24％、99.80％和 99.73％,当氧气的浓度为 0.1％时,PPt/MCM-41(20 mg/g)组装体的荧光被猝灭了 95.42％,PPt/MCM-41(20 mg/g)组装体的灵敏度为 3 853.0,

远远超出氧气传感器灵敏度大于 3 的要求[171]。

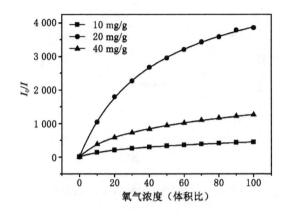

图 5-7　不同浓度 PPt/MCM-41 组装体的斯特恩-福尔默曲线

(I_0 和 I 分别为纯氮气条件下组装体的发光强度和纯氧气存在时组装体的发光强度)

5.2.4.3　组装体对氧气的响应时间

判断氧气传感材料优劣的另一个重要依据是响应时间的快慢。传感材料的响应时间包括猝灭时间(t_Q)和还原时间(t_R),其中 t_Q 是指从纯氮气到纯氧气变化时,发光强度下降 95% 所需的时间;t_R 是指从纯氧气到纯氮气变化时,发光强度上升 95% 所需的时间(图 5-8)。图 5-9 为 PPt/MCM-41(20 mg/g)组装体的响应时间曲线。图中显示,当体系中氧气浓度增大时,组装体的发光强度会迅速地减小,发生荧光猝灭;而当体系中氧气浓度减小、氮气浓度增大时,组装体的发光强度又会逐渐增强,基本可以恢复到初始强度,说明 PPt/MCM-41(20 mg/g)组装材料对氧气的传感可重复利用。PPt/MCM-41 (20 mg/g)组装体的猝灭时间为 1.5 s,表明该组装体可以迅速与氧气作用达到平衡,是比较理想的氧气传感材料。

将 PPt 与 MCM-41 形成的不同浓度组装体的氧气传感性能参数(包括灵敏度 I_0/I_{100}、猝灭时间 t_Q、还原时间 t_R、两种猝灭过程的猝灭常数 K_{SV1} 和 K_{SV2}、第一种猝灭过程在总猝灭过程中所占分数 f_{01}、拟合度 r^2)列于表 5-2 中,数据表明几种不同浓度的组装体都具有较高的灵敏度、较短的响应时间,其中猝灭时间 ≤2.5 s,还原时间≤17.5 s。PPt/MCM-41(10 mg/g)、PPt/MCM-41(20 mg/g)和 PPt/MCM-41(40 mg/g)组装体的灵敏度分别为 439.0、3 853.0 和1 254.3,都满足传感材料的要求(灵敏度大于 3),猝灭时间分别为 2.5 s、1.5 s 和 1.5 s,还原

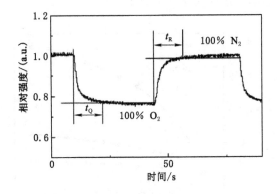

图 5-8 氧气传感材料的响应时间图

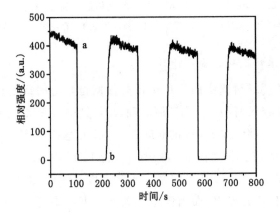

a—100%氮气;b—100%氧气

图 5-9 PPt/MCM-41(20 mg/g)组装体的响应时间曲线图

时间分别为 16.0 s、14.5 s 和 17.5 s,体现了很好的传感性质。K_{SV1}、K_{SV2} 和 f_{01} 均表明第二种猝灭过程起主要作用,r^2 表明拟合效果良好。表 5-2 中数据显示所有卟啉铂配合物与 MCM-41 的组装体的还原时间都要长于猝灭时间,原因是 MCM-41 介孔分子筛对氧气分子的吸附能力很强,造成氧气分子脱附相对较慢。综合以上数据,发现 PPt/MCM-41 组装体具有良好的氧传感性能,当负载浓度为 20 mg/g 时性能最佳。

表 5-2　卟啉铂配合物 PPt 与 MCM-41 形成的不同浓度组装体的氧气传感性能参数

	PPt/MCM-41 浓度		
	10 mg/g	20 mg/g	40 mg/g
I_0/I_{100}	439.0	3 853.0	1 254.3
t_Q/s	2.5	1.5	1.5
t_R/s	16.0	14.5	17.5
$K_{SV1}/(O_2\%^{-1})$	0.003 35±0.000 59	0.000 29±0.000 37	0.003 38±0.000 59
$K_{SV2}/(O_2\%^{-1})$	17.803 57±0.753 23	131.508 52±3.446 77	51.171 77±2.177 44
f_{01}	0.002 26±0.000 12	0.000 19±0.000 01	0.000 79±0.000 04
r^2	0.999 59	0.999 74	0.999 58

5.3　本章小结

分别以卟啉铂配合物 PPt 和 PPd 作为氧气传感分子,以 MCM-41 介孔分子筛作为载体,采用物理掺杂的方法将传感分子组装到 MCM-41 中形成组装体。研究表明 MCM-41 介孔分子筛可以很好地吸附卟啉配合物发光分子,组装后发光分子和载体的结构没有发生改变。PPt/MCM-41 组装体比 PPt 固体具有更长的荧光寿命。PPt/MCM-41 组装体的氧气传感性质具有以下特点:较高的灵敏度,较快的猝灭时间,较快的还原时间,斯特恩-福尔默曲线呈非线性关系。不同掺杂浓度的组装体均具有较高的灵敏度,对氧气的响应迅速,完全满足氧气传感材料的要求。而且 PPt/MCM-41 组装体的最佳掺杂浓度是 20 mg/g,它对氧气的灵敏度达到 3 853.0,猝灭时间为 1.5 s,还原时间为 14.5 s,可以制备高性能的氧气传感材料。

PPd/MCM-41 组装体在不同氧气浓度下的发射强度几乎没有发生变化,表明 PPd/MCM-41 组装体材料不具有氧气传感性质。

6 咔唑取代卟啉铂钯配合物/SBA-15 氧传感性质的研究

第 5 章中已经研究了配合物 PPt 与 MCM-41 介孔分子筛的组装体传感材料的氧气传感性质,它们具有较高的灵敏度和较快的响应时间,传感性能良好。但是随着传感技术的发展,对传感性能更高的要求摆在我们的面前,我们急需开发灵敏度更高、响应时间更快、稳定性更强的新型氧气传感材料及器件。

在本章中,将第 3 章中合成的卟啉过渡金属配合物卟啉铂(PPt)和卟啉钯(PPd)分别组装到孔道更大的 SBA-15 介孔分子筛中形成不同掺杂浓度的 PPt/SBA-15 和 PPd/SBA-15 组装体,考察组装体对氧气的传感性能,尝试获得灵敏度更高、响应时间更快的光学氧传感材料。

6.1 介孔分子筛的合成及样品的组装

6.1.1 实验试剂及仪器

实验试剂:

(1) 聚环氧乙烷-聚环氧丙烷-聚环氧乙烷三嵌段共聚物(P123)(A. R.);

(2) 正硅酸乙酯(A. R.)。

其他化学试剂已在第 2 章中进行了说明。

实验仪器:

(1) Siemens D5005 衍射仪;

(2) PE UV-VIS Lambda 20 型光谱仪;

(3) Hitachi F-4500 时间分辨荧光光谱仪;

(4) TDS3052 数字荧光示波器和 Nd:YAG 脉冲激光。

6.1.2 介孔分子筛的合成

参考文献[172]。P123 和正硅酸乙酯在强酸性条件下制备成带有表面活性剂的 SBA-15 介孔分子筛；使用前，在空气气氛中 550 ℃高温焙烧除去表面活性剂。

6.1.3 传感分子与载体的组装

在烧瓶中加入 1 mg PPt 和 10 mL 二氯甲烷，搅拌 5 min，使其完全溶解。向溶液中加入 100 mg 除去表面活性剂的 SBA-15 介孔分子筛，室温搅拌 1 h，SBA-15 介孔分子筛由白色变为黄色，减压过滤保留沉淀，用二氯甲烷多次洗涤，紫外-可见吸收光谱监测，至滤液中 PPt 的特征吸收消失。将产物置于空气中室温晾干，收集得到黄色的 PPt/SBA-15 组装体，掺杂浓度为 10 mg/g。调节初始 PPt 的用量，可以制备不同浓度的 PPt/SBA-15 组装体。笔者制备了 10 mg/g、20 mg/g、40 mg/g 三个浓度的组装体。

采用类似的方法制备了 PPd 与 SBA-15 介孔分子筛的 10 mg/g、20 mg/g、40 mg/g 三个浓度的组装体。

6.1.4 组装体的氧气传感实验

氧气传感测试的实验装置与上一章相同，把发光分子与 SBA-15 介孔分子筛组装体样品固定在自制样品池中的样品架上，样品池上具有两个相互成直角分别透过激发光和发射光的石英窗口，样品架与两条光路均呈 45°角。氮气和氧气储存在钢瓶中，通过转子流量计通入样品池中并控制样品池中氮气和氧气的浓度。首先测试在纯氮气和纯氧气条件下组装体的发射光谱，然后依次测试在不同氧气浓度下组装体的发射光谱，最后测试组装体对氧气的响应时间。

6.2 结果与讨论

将合成的卟啉过渡金属配合物卟啉铂（PPt）和卟啉钯（PPd）分别组装到 SBA-15 介孔分子筛中形成不同掺杂浓度的 PPt/SBA-15 和 PPd/SBA-15 组装体，此处仍然主要讨论 20 mg/g 浓度的组装体。

6.2.1 组装体内外表面的组装研究

在 PPt 或 PPd 的二氯甲烷溶液中加入未经焙烧的 SBA-15 介孔分子筛,减压过滤并对沉淀多次洗涤后,得到的 SBA-15 介孔分子筛为无色,在紫外灯照射下观察不到红色的卟啉特征发射光。采用相同的方法处理焙烧过的 SBA-15 介孔分子筛,则分别得到黄色和淡黄色的产物,用二氯甲烷溶液多次洗涤,仍未见变化,该产物在紫外灯照射下会看到红色的卟啉的特征发射光。上述实验结果表明只有经过高温焙烧除掉表面活性剂,载体 SBA-15 介孔分子筛才能吸附 PPt、PPd,即两种配合物是组装进入 SBA-15 介孔分子筛空的孔道之中,而不是被吸附在外表面。

图 6-1 和图 6-2 分别为 SBA-15 吸附 PPt 前后的 X-射线粉末衍射谱图和 SBA-15 吸附 PPd 前后的 X-射线粉末衍射谱图。谱图显示,在组装前后SBA-15 的谱图没有明显的变化,证明配合物进入 SBA-15 介孔分子筛的孔道结构后孔道结构未被破坏。

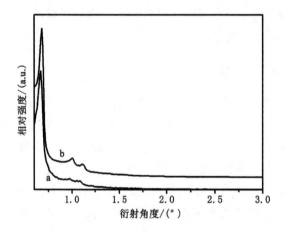

a—SBA-15;b—PPt/SBA-15(20 mg/g)

图 6-1　SBA-15 吸附 PPt 前后的 X-射线粉末衍射谱图

6.2.2　组装体的紫外-可见吸收光谱研究

图 6-3 为配合物 PPt 的二氯甲烷溶液和组装体 PPt/SBA-15(20 mg/g)的紫外-可见吸收光谱,两个紫外吸收光谱形状相同,证明将 PPt 组装进分子筛 SBA-15 之后其的光学性质没有改变。因此可以认为卟啉铂(PPt)与 SBA-15

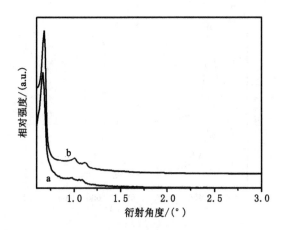

a—SBA-15；b—PPd/SBA-15（20 mg/g）

图 6-2　SBA-15 吸附 PPd 前后的 X-射线粉末衍射谱图

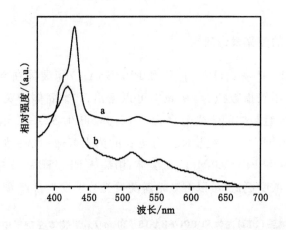

a—PPt 的二氧甲烷溶液；b—PPt/SBA-15（20 mg/g）

图 6-3　PPt 的二氯甲烷溶液和组装材料 PPt/SBA-15

（20 mg/g）的紫外-可见吸收光谱图

的组装体在组装前后 PPt 没有被破坏，PPt/ SBA-15 组装体体现了卟啉本身的
光学性质。图 6-4 为配合物 PPd 的二氯甲烷溶液和组装体 PPd/SBA-15
（20 mg/g）的紫外-可见吸收光谱，两个吸收光谱形状相同，因此同样可以认为
PPd 与 SBA-15 的组装体在组装前后 PPd 没有被破坏，PPd/SBA-15 组装体体
现了卟啉本身的光学性质。

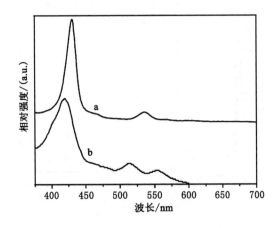

a—PPd 的二氯甲烷溶液；b—PPd/SBA-15（20 mg/g）

图 6-4　PPd 的二氯甲烷溶液和组装材料 PPd/SBA-15（20 mg/g）

的紫外-可见吸收光谱图

6.2.3　组装体的荧光寿命研究

表 6-1 给出了卟啉铂（PPt）固体和 PPt/SBA-15 组装体在空气中的荧光寿命，测试数据采用双指数拟合，从表中可以看出，PPt 固体的荧光寿命为 6.37 μs，PPt/SBA-15 组装体的荧光寿命为 7.55 μs，PPt/SBA-15 组装体比卟啉铂 PPt 固体和 PPt/MCM-41 组装体具有更长的荧光寿命。这主要是由于相对于卟啉铂 PPt 固体和 PPt/MCM-41 组装体，组装体 PPt/SBA-15 中发光分子 PPt 的分散性更好，浓度更低，可以有效地避免发光分子发生自猝灭[165]。

表 6-1　卟啉铂（PPt）固体和 PPt/SBA-15（20 mg/g）组装体在空气中的荧光寿命

测试样品	α_1	$\tau_1/\mu s$	α_2	$\tau_2/\mu s$	$<\tau>/\mu s$	r^2
PPt	0.08	4.23	0.02	10.00	6.37	0.998 7
PPt/SBA-15(20 mg/g)	0.35	10.00	0.60	3.72	7.55	0.997 2

6.2.4　组装体的氧气传感实验

6.2.4.1　氧气对组装体发射光谱的影响

图 6-5 给出了组装体 PPt/SBA-15（20 mg/g）在室温不同氧气浓度下的发

射光谱。光谱显示，组装体 PPt/SBA-15(20 mg/g)的最大发射峰在 651 nm 处，在不同氧气浓度下，PPt/SBA-15(20 mg/g)的发射峰位置没有明显的变化。但随着氧气浓度从 0 增加到 100％，PPt/SBA-15(20 mg/g)的发射强度显著下降。PPt/SBA-15 (10 mg/g)、PPt/SBA-15 (20 mg/g)和 PPt/SBA-15 (40 mg/g)在纯氧气条件下的发射强度分别是纯氮气条件下的 0.06％、0.01％和 0.02％，即猝灭程度分别达到 99.94％、99.99％和 99.98％。实验结果表明，氧气对 PPt/SBA-15组装体的发射具有明显的猝灭作用，从猝灭程度可以看出，最好的掺杂浓度是 20 mg/g，这主要是因为当掺杂浓度太低时(10 mg/g)，配合物的发光强度太弱，灵敏度太低，而当掺杂浓度太高时(40 mg/g)，分子筛空穴中的分子间相互作用增强，发生荧光自猝灭。两种作用互相影响，导致 PPt/SBA-15 (20 mg/g)为最佳掺杂材料，这一类的组装体材料有应用于氧气传感研究的潜力。

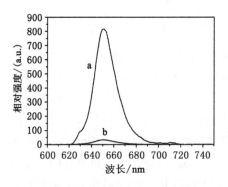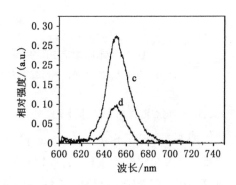

a—0；b—0.1％；c—10％；d—100％

图 6-5　PPt/ SBA-15 (20 mg/g)组装体在室温不同氧气浓度下的发射光谱图

而在不同氧气浓度下，PPd/SBA-15 (20 mg/g) 组装体的发射强度几乎没有发生变化，表明氧气对 PPd/SBA-15 组装体的发射没有明显的猝灭作用，这一类的组装体材料不具有氧气传感性质。

6.2.4.2　组装体的氧气传感斯特恩-福尔默曲线

图 6-6 给出了不同浓度 PPt/SBA-15 组装体的斯特恩-福尔默曲线。从图中可以看到，在 0～100％的氧气浓度范围内的斯特恩-福尔默曲线是非线性的，也符合非线性斯特恩-福尔默方程。同样是因为 PPt/SBA-15 组装体的猝灭过程同时包含静态和动态两种猝灭过程，PPt 在 SBA-15 中所处的微环境也有差别。组装体对于低浓度的氧气具有非常高的灵敏度：当氧气的浓度为 10％时，

PPt/SBA-15(10 mg/g)、PPt/SBA-15(20 mg/g)和 PPt/SBA-15(40 mg/g)的荧光分别被猝灭了 99.81％、99.96％和 99.89％。当氧气的浓度为 0.1％时，PPt/SBA-15 (20 mg/g)的荧光被猝灭了 96.14％，PPt/SBA-15 (20 mg/g)的灵敏度为 8 779.8，这在所有由卟啉铂配合物制备的光学氧传感器中是最高的。

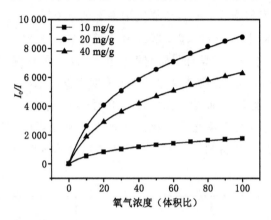

图 6-6　不同浓度 PPt/SBA-15 组装体的斯特恩-福尔默曲线

（I_0 和 I 分别为纯氮气条件下组装体的发光强度和氧气存在时组装体的发光强度）

6.2.4.3　组装体对氧气的响应时间

图 6-7 为 PPt/SBA-15(20 mg/g)组装体的响应时间曲线。图中显示，组装体的重复性和稳定性均很好，说明 PPt/SBA-15(20 mg/g)组装材料对氧气的传感可重复利用。相对于 PPt/MCM-41(20 mg/g)组装体，PPt/SBA-15 (20 mg/g)组装体在 100％氮气条件下发光强度波动小，发光更稳定。将卟啉铂配合物 PPt 与 SBA-15 形成的不同浓度组装体的氧气传感性能参数（包括灵敏度 I_0/I_{100}、猝灭时间 t_Q、还原时间 t_R、两种猝灭过程的猝灭常数 K_{SV1} 和 K_{SV2}、第一种猝灭过程在总猝灭过程中所占分数 f_{01}、拟合度 r^2）列于表 6-2 中，数据表明几种不同浓度的组装体都具有极高的灵敏度、很短的响应时间，其中猝灭时间 ≤4.5 s，还原时间 ≤19.0 s。PPt/SBA-15(10 mg/g)、PPt/SBA-15(20 mg/g)和 PPt/SBA-15(40 mg/g)的灵敏度分别为 1 756.0、8 779.8 和 6 271.3，猝灭时间分别为 4.5 s、3.0 s 和 3.0 s，还原时间分别为 15.5 s、17.0 s 和 19.0 s，体现了很好的传感性质。K_{SV1}、K_{SV2} 和 f_{01} 均表明第二种猝灭过程起绝对主导作用，r^2 表明拟合效果良好。表 6-2 中数据显示所有卟啉铂配合物与 SBA-15 的组装体的还原时间都要长于猝灭时间，原因是 SBA-15 介孔分子筛对氧气分子的吸附能力很强，造成氧气分子脱附相对较慢。

综合以上数据，发现组装体 PPt/SBA-15 具有良好的氧传感性能($I_0/I_{100}>1\ 700$)，当负载浓度为 20 mg/g 时性能最佳($I_0/I_{100}>8\ 700$)。

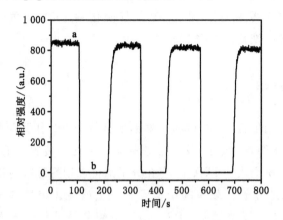

a—100％氮气；b—100％氧气。

图 6-7　PPt/ SBA-15（20 mg/g）组装体的响应时间曲线图

表 6-2　卟啉铂配合物 PPt 与 SBA-15 形成的不同浓度组装体的氧气传感性能参数

参数	PPt/SBA-15 浓度		
	10 mg/g	20 mg/g	40 mg/g
I_0/I_{100}	1 756.0	8 779.8	6 271.3
t_Q/s	4.5	3.0	3.0
t_R/s	15.5	17.0	19.0
$K_{SV1}/(O_2\%^{-1})$	0.003 38±0.000 59	0.003 39±0.000 59	0.003 39±0.000 59
$K_{SV2}/(O_2\%^{-1})$	71.706 1±3.053 88	359.180 93±15.323 62	256.515 36±10.941 95
f_{01}^b	0.000 57±0.000 03	0.000 11±0.000 01	0.000 16±0.000 01
r^2	0.999 58	0.999 58	0.999 58

b $f_{01}+f_{02}=1$。

同时，PPt/SBA-15 组装体与 PPt/MCM-41 组装体相比具有不同的特点，虽然 PPt/SBA-15 组装体和 PPt/MCM-41 组装体具有几乎相同的猝灭时间和还原时间，但是灵敏度却有明显的不同，在掺杂浓度相同的情况下，PPt/SBA-15 组装体比 PPt/MCM-41 组装体具有更高的灵敏度。这主要是两种分子筛传感材料孔道结构不同造成的。相对于 MCM-41，SBA-15 的多孔结构具有更大的孔隙容量[173]，直接导致氮气和氧气的脱附量在 PPt/SBA-15 中比在 PPt/MCM-41 中快速。因此，从 100％氮气变化到 100％氧气时，PPt/SBA-15 组装体的荧光可以猝灭得更充分，从 100％氧气变化到 100％氮气时，PPt/SBA-15 组装体的荧光可以恢复得更完全。

6.3　本章小结

分别以卟啉铂配合物（PPt）和卟啉钯配合物（PPd）作为氧气传感分子，以 SBA-15 介孔分子筛作为载体，采用物理掺杂的方法将传感分子组装到 SBA-15 中形成组装体。研究表明 SBA-15 介孔分子筛可以很好地吸附卟啉配合物发光分子，组装后发光分子和载体的结构没有发生改变。组装体 PPt/SBA-15 比 PPt 固体具有更长的荧光寿命。PPt/SBA-15 组装体的氧气传感性质具有以下特点：极高的灵敏度，较快的猝灭时间，较快的还原时间，斯特恩-福尔默曲线呈非线性关系，稳定性良好。不同掺杂浓度的组装体均具有极高的灵敏度，对氧气的响应迅速，完全满足氧气传感材料的要求。组装体 PPt/SBA-15 的最佳掺杂浓度是 20 mg/g，它对氧气的灵敏度达到 8 779.8，猝灭时间为 3.0 s，还原时间为 17.0 s，灵敏度在所有由卟啉铂配合物制备的光学氧传感器中是最高的。PPt/SBA-15 组装体与 PPt/MCM-41 组装体相比具有不同的特点，PPt/SBA-15 组装体和 PPt/MCM-41 组装体具有几乎相同的猝灭时间和还原时间，相同浓度下 PPt/SBA-15 组装体比 PPt/MCM-41 组装体具有更高的灵敏度。SBA-15 的多孔结构比 MCM-41 具有更大的孔隙容量，导致氮气和氧气的脱附量在 PPt/SBA-15 中比在 PPt/MCM-41 中快速，PPt/SBA-15 组装体的荧光可以猝灭得更充分。

PPd/SBA-15 组装体在不同氧气浓度下的发射强度几乎没有发生变化，表明 PPd/SBA-15 组装体材料不具有氧气传感性质。

参 考 文 献

[1] BARTON S D,OLLIS W D. Comprehensive organic chemistry[M]. London:Pergamon Press,1979:321.

[2] SMITH J M. The porphyrins handbook [M]. [S. l.]:Elsevier Press,2002: 12.

[3] SESSLER J L,WEGHORN S J. Expanded,contracted & isomeric porphyrins [M]. [S. l.]:Elsevier Press,1997:15.

[4] AIDA T,INOUE S. The Porphyrin Handbook [M]. New York:Academic Press,2000:4.

[5] ANDERSON H L. Building molecular wires from the colours of life:conjugated porphyrin oligomers [J]. Chemical Communications, 1999 (23): 2323-2330.

[6] WAGNER R W,LINDSEY J S. A molecular photonic wire[J]. Journal of the American Chemical Society,1994,116(21):9759-9760.

[7] BURROUGHES J H,BRADLEY D D C,BROWN A R,et al. Light-emitting diodes based on conjugated polymers[J]. Nature,1990,347:539-541.

[8] GUST D,MOORE T A,MOORE A L,et al. Long-lived photoinitiated charge separation in carotene-diporphyrin triad molecules[J]. Journal of the American Chemical Society,1991,113(10):3638-3649.

[9] STERNBERG E D,DOLPHIN D,BRÜCKNER C. Porphyrin-based photosensitizers for use in photodynamic therapy [J]. Tetrahedron, 1998, 54(17):4151-4202.

[10] WASIELEWSKI M R. Photoinduced electron transfer in supramolecular systems for artificial photosynthesis[J]. Chemical Reviews,1992,92(3):

435-461.

[11] DEBRECZENY M P, et al. Optical control of photogenerated ion pair lifetimes: an approach to a molecular switch [J]. Science, 1996, 274: 584-587.

[12] WAGNER R W, LINDSEY J S, SETH J, et al. Molecular optoelectronic gates[J]. Journal of the American Chemical Society, 1996, 118 (16): 3996-3997.

[13] BALDO M A, O'BRIEN D F, YOU Y, et al. Highly efficient phosphorescent emission from organic electroluminescent devices[J]. Nature, 1998, 395(6698):151-154.

[14] NORSTEN T B, BRANDA N R. Axially coordinated porphyrinic photochromes for non-destructive information processing[J]. Advanced Materials, 2001, 13(5): 347-349.

[15] KERR R A. What can replace cheap oil: and when? [J]. Science, 2005, 309(5731):101.

[16] O'NEIL M P, NIEMCZYK M P, SVEC W A, et al. Picosecond optical switching based on biphotonic excitation of an electron donor-acceptor-donor molecule[J]. Science, 1992, 257(5066): 63-65.

[17] GOSZTOLA D, NIEMCZYK M P, WASIELEWSKI M R. Picosecond molecular switch based on bidirectional inhibition of photoinduced electron transfer using photogenerated electric fields[J]. Journal of the American Chemical Society, 1998, 120(20): 5118-5119.

[18] BURROWS P E, FORREST S R, SIBLEY S P, et al. Color-tunable organic light-emitting devices [J]. Applied Physics Letters, 1996, 69 (20): 2959-2961.

[19] BALDO M A, O'BRIEN D F, YOU Y, et al. Highly efficient phosphorescent emission from organic electroluminescent devices[J]. Nature, 1998, 395(6698):151-154.

[20] VIRGILI T, LIDZEY D G, BRADLEY D D C. Efficient energy transfer from blue to red in tetraphenylporphyrin-doped poly (9, 9-dioctylfluorene) light-emitting diodes[J]. Advanced Materials, 2000, 12(1):58-62.

[21] HAGFELDT A, GRAETZEL M. Light-induced redox reactions in nanocrystalline systems[J]. Chemical Reviews, 1995, 95(1): 49-68.

[22] LIDZEY D G, BRADLEY D D C, SKOLNICK M S, et al. Strong exciton-photon coupling in an organic semiconductor microcavity[J]. Nature, 1998,395(6697):53-55.

[23] LIU C Y, PAN H L, FOX M A, et al. High-density nanosecond charge trapping in thin films of the photoconductor ZnODEP[J]. Science,1993, 261(5123):897-899.

[24] NORSTEN T B, BRANDA N R. Axially coordinated porphyrinic photochromes for non-destructive information processing[J]. Advanced Materials,2001,13(5):347-349.

[25] HASOBE T, IMAHORI H, KAMAT P V, et al. Photovoltaic cells using composite nanoclusters of porphyrins and fullerenes with gold nanoparticles[J]. Journal of the American Chemical Society, 2005, 127 (4): 1216-1228.

[26] BROWN S B, BROWN E A, WALKER I. The present and future role of photodynamic therapy in cancer treatment[J]. Lancet Oncology, 2004, 5(8):497-508.

[27] NYMAN E S, HYNNINEN P H. Research advances in the use of tetrapyrrolic photosensitizers for photodynamic therapy[J]. Journal of Photochemistry and Photobiology B:Biology,2004,73(1/2):1-28.

[28] DOLMANS D E J G J, FUKUMURA D, JAIN R K. Photodynamic therapy for cancer[J]. Nature Reviews Cancer,2003,3(5):380-387.

[29] 黄齐茂,闻雪静,陈彰评,等. 新型金属卟啉光敏剂的合成及其抗菌活性[J]. 武汉化工学院学报,2006,28(3):1-6.

[30] 邱红,刘彦,韩士田. 卟啉在医学上的应用研究进展[J]. 河北师范大学学报(自然科学版),2000,24(4):497-500.

[31] 王亚军,陆林忠,张建梅,等. 卟啉类试剂显色性能的研究进展[J]. 湖州师范学院学报,2002,24(6):29-37.

[32] 高焕君,韩士田,刘彦钦. 新型吡啶卟啉季铵盐的合成及其与铜(Ⅱ)显色反应的研究[J]. 河北师范大学学报(自然科学版),2006,30(2):201-203.

[33] 吴菊英,王东进. 卟啉试剂与贵金属高灵敏显色反应的研究 V. Ru(Ⅲ)-T(4-AOP)P-TritonX-100 体系[J]. 分析试验室,1998,17(1):69-72.

[34] 吴惠霞,金利通. C60—卟啉类包合物 pH 传感器的研究[J]. 化学传感器,

1996,16(3):233.

[35] ATUNASOV P,GAMBURZEV S,WIIKINS E. Needle-type glucose bio-sensors based on a pyrolyzed cobalt-tetramethoxy-phenylporphyrin cata-lytic electrode[J]. Electroanalysis,1996,8(2):158-164.

[36] JIN R H. Controlled location of porphyrin in aqueous micelles self-assem-bled from porphyrin centered amphiphilic star poly(oxazolines)[J]. Ad-vanced Materials,2002,14(12):889-892.

[37] TWYMAN L J,GE Y. Porphyrin cored hyperbranched polymers as heme protein models[J]. Chemical Communications,2006(15):1658.

[38] INOUE K. Functional dendrimers,hyperbranched and star polymers[J]. Progress in Polymer Science,2000,25(4):453-571.

[39] ANDERSON H L,MARTIN S J,BRADLEY D D C. Synthesis and third-order nonlinear optical properties of a conjugated porphyrin polymer[J]. Angewandte Chemie International Edition in English, 1994, 33 (6): 655-657.

[40] 陈培榕,王志杰,郭建林,等. 薄层层析-干柱层析技术在分离制备石油生物标志物:卟啉中的应用[J]. 分析试验室,1997,16(2):39-41.

[41] WASIELEWSKI M R. Photoinduced electron transfer in supramolecular systems for artificial photosynthesis[J]. Chemical Reviews,1992,92(3): 435-461.

[42] VAIL S A,KRAWCZUK P J,GULDI D M,et al. Energy and electron transfer in polyacetylene-linked zinc-porphyrin-[60]fullerene molecular wires[J]. Chemistry:A European Journal,2005,11(11):3375-3388.

[43] GUST D,MOORE T A. Mimicking photosynthesis[J]. Science,1989, 244:35-41.

[44] ARMITAGE B. Photocleavage of nucleic acids[J]. Chemical Reviews, 1998,98(3):1171-1200.

[45] MEUNIER B. Metalloporphyrins as versatile catalysts for oxidation reac-tions and oxidative DNA cleavage[J]. Chemical Reviews,1992,92(6): 1411-1456.

[46] DOLPHIN D. The Pophyrins [M]. New York:Academic Press,1978: 1-6.

[47] SHANMUGATHASAN S, EDWARDS C, BOYLE R W. Advances in modern synthetic porphyrin chemistry[J]. Tetrahedron, 2000, 56(8): 1025-1046.

[48] ADLER A D, LONGO F R, SHERGALIS W. Mechanistic investigations of porphyrin syntheses. I. preliminary studies onms-tetraphenylporphin [J]. Journal of the American Chemical Society, 1964, 86(15): 3145-3149.

[49] ADLER A D, LONGO F R, FINARELLI J D, et al. A simplified synthesis for meso-tetraphenylporphine[J]. The Journal of Organic Chemistry, 1967, 32(2): 476.

[50] LINDSEY J S, SCHREIMAN I C, HSU H C, et al. Rothemund and Adler-Longo reactions revisited: synthesis of tetraphenylporphyrins under equilibrium conditions[J]. The Journal of Organic Chemistry, 1987, 52 (5): 827-836.

[51] ARSENAULT G P, BULLOCK E, MACDONALD S F. Pyrromethanes and porphyrins Therefrom1[J]. Journal of the American Chemical Society, 1960, 82(16): 4384-4389.

[52] LITTLER B J, CIRINGH Y, LINDSEY J S. Investigation of conditions giving minimal scrambling in the synthesis of trans-porphyrins from dipyrromethanes and aldehydes[J]. The Journal of Organic Chemistry, 1999, 64(8): 2864-2872.

[53] RAO P D, LITTLER B J, GEIER G R, et al. Efficient synthesis of monoacyl dipyrromethanes and their use in the preparation of sterically unhindered trans-porphyrins[J]. The Journal of Organic Chemistry, 2000, 65 (4): 1084-1092.

[54] BROADHURST M J, GRIGG R, JOHNSON A W. Synthesis of porphin analogues containing furan and/or thiophen rings[J]. Journal of the Chemical Society C: Organic, 1971: 3681.

[55] BOUDIF A, MOMENTEAU M. A new convergent method for porphyrin synthesis based on a '3 + 1' condensation[J]. Journal of the Chemical Society, Perkin Transactions 1, 1996(11): 1235-1242.

[56] HOMMA M, AOYAGI K, AOYAMA Y, et al. Electron deficient porphyrins. 1. Tetrakis(trifluoromethyl)porphyrin and its metal complexes[J].

Tetrahedron Letters,1983,24(40):4343-4346.

[57] MILGROM L R. The coloura of light[M]. New York:Oxford University Press,1997,6-13.

[58] CLEZY P S,VAN THUC L. The chemistry of pyrrolic compounds. LVII. The oxidative cyclization of derivatives of 1,19-dideoxybilenes-B [J]. Australian Journal of Chemistry,1984,37(10):2085-2092.

[59] 郭灿城,何兴涛,邹纲要.合成四苯基卟啉及其衍生物的新方法[J].有机化学,1991,11(4):416-419.

[60] PETIT A,LOUPY A,MAIUARDB P,et al. Microwave irradiation in dry media:a new and easy method for synthesis of tetrapyrrolic compounds [J]. Synthetic Communications,1992,22(8):1137-1142.

[61] 胡希明,梅治乾.四苯基卟啉的微波诱导合成研究[J].华南理工大学学报(自然科学版),1999,27(10):11-15.

[62] 刘云,徐同宽.四苯基卟啉的催化合成和微波合成研究[J].北京轻工业学院学报,1998(4):37-43.

[63] ZELASKI J. Porphyrin [J]. Z. Physiol. Chem. ,1902,37:54-57.

[64] BUCHLER J W,SMITH K M. Porphyrins and Metalloporphyrins [M]. Amsterdam:Elsevier,1975:182-184.

[65] WHITE W I,BACHANN R C,BNHAM B F,et al. The Porphyrins [M]. Academic Press,1979:1-7.

[66] GOUTERMAN M. The Porphyrins [M]. New York: Academic Press,1978.

[67] SUSLICK K S,WATSON R A. The Photochemistry of Chromium,Manganese,and Iron Porphyrin [J]. New. J. Chem. ,1992,16:633-642.

[68] 卢涌泉,邓振华.实用红外光谱解析[M].北京:电子工业出版社,1989.

[69] GRANICK S,BOGORAD L,JAFFE H. Hematoporphyrin IX,a probable precursor of protoporphyrin in the biosynthetic chain of heme and chlorophyll [J]. J. Biol. Chem. ,1953,202(2):801-803.

[70] SAINI G S S. Resonance Raman study of free-base tetraphenylporphine and its dication[J]. Spectrochimica Acta Part A2006,64(4):981-986.

[71] BECKER E D,BRADLEY R B. Effects of "ring currents" on the NMR spectra of porphyrins[J]. The Journal of Chemical Physics,1959,31(5):

1413-1414.

[72] 王德军,刘旺. 表面光电压谱在化学中的应用[J]. 化学通报,1989,52(10): 32-37.

[73] LAW K Y. Organic photoconductive materials: recent trends and developments[J]. Chemical Reviews,1993,93(1):449-486.

[74] HARTMANN P,TRETTNAK W. Effects of polymer matrices on calibration functions of luminescent oxygen sensors based on porphyrin ketone complexes[J]. Analytical Chemistry,1996,68(15):2615-2620.

[75] LEE S K,OKURA I. Optical sensor for oxygen using a porphyrin-doped Sol-gel glass[J]. Analyst,1997,122(1):81-84.

[76] LEE S K,OKURA I. Porphyrin-doped Sol-gel glass as a probe for oxygen sensing[J]. Analytica Chimica Acta,1997,342(2/3):181-188.

[77] MILLS A,LEPRE A. Controlling the response characteristics of luminescent porphyrin plastic film sensors for oxygen[J]. Analytical Chemistry, 1997,69(22):4653-4659.

[78] MURTAGH M T,SHAHRIARI M R,KRIHAK M. A study of the effects of organic modification and processing technique on the luminescence quenching behavior of Sol-Gel oxygen sensors based on a Ru(II) complex[J]. Chemistry of Materials,1998,10(12):3862-3869.

[79] LIEBSCH G,KLIMANT I,WOLFBEIS O S. Luminescence lifetime temperature sensing based on Sol-gels and poly(acrylonitrile)s dyed with ruthenium metal-ligand complexes[J]. Advanced Materials,1999,11(15): 1296-1299.

[80] LU X,WINNIK M A. Luminescence quenching in polymer/filler nanocomposite films used in oxygen sensors[J]. Chemistry of Materials,2001, 13(10):3449-3463.

[81] NOLAN E M,LIPPARD S J. A "turn-on" fluorescent sensor for the selective detection of mercuric ion in aqueous media[J]. Journal of the American Chemical Society,2003,125(47):14270-14271.

[82] LU X,HAN B H,WINNIK M A. Characterizing the Quenching Process for Phosphorescent Dyes in Poly[((n-butylamino)thionyl)phosphazene] Films [J]. The Journal of Physical Chemistry B, 2003, 107 (48):

13349-13356.

[83] CALLAN J F,PRASANNA DE SILVA A,FERGUSON J,et al. Fluorescent photoionic devices with two receptors and two switching mechanisms:applications to pH sensors and implications for metal ion detection [J]. Tetrahedron,2004,60(49):11125-11131.

[84] TIBURCIO-SILVER A,SÁNCHEZ-JUÁREZ A. SnO$_2$:Ga thin films as oxygen gas sensor[J]. Materials Science and Engineering:B,2004,110 (3):268-271.

[85] PREININGER C,KLIMANT I,WOLFBEIS O S. Optical fiber sensor for biological oxygen demand [J]. Analytical Chemistry, 1994, 66 (11): 1841-1846.

[86] CARRAWAY E R,DEMAS J N,DEGRAFF B,et al. Photophysics and photochemistry of oxygen sensors based on luminescent transition-metal complexes[J]. Analytical Chemistry,1991,63(4):337-342.

[87] HEALEY B G,WALT D R. Improved fiber-optic chemical sensor for penicillin[J]. Analytical Chemistry,1995,67(24):4471-4476.

[88] YAN H,KRAUS G,GAUGLITZ G. Detection of mixtures of organic pollutants in water by polymer film receptors in fibre-optical sensors based on reflectometric interference spectrometry[J]. Analytica Chimica Acta,1995,312(1):1-8.

[89] LUBBERS D W,OPITZ N. Opticl fluorescence sensors for continuous measurement of chemical concentrations in biological systems[J]. Sensors and Actuators,1983,4:641-654.

[90] KRONEIS H W,MARSONER H J. A fluorescence-based sterilizable oxygen probe for use in bioreactors[J]. Sensors and Actuators,1983,4:587-592.

[91] LEE E D,WERNER T C,SEITZ W R. Luminescence ratio indicators for oxygen[J]. Analytical Chemistry,1987,59(2):279-283.

[92] SHARMA A,WOLFBEIS O S. Fiberoptic oxygen sensor based on fluorescence quenching and energy transfer[J]. Applied Spectroscopy,1988, 42(6):1009-1011.

[93] DIAZ-GARCIA M E, PEREIRO-GARCíA R, VELASCO-GARCíA N. Optical oxygen sensing materials based on the room-temperature phos-

phorescence intensity quenching of immobilized Erythrosin B[J]. The Analyst,1995,120(2):457-461.

[94] KUAN LAM S,NAMDAS E,LO D. Effects of oxygen and temperature on phosphorescence and delayed fluorescence of erythrosin B trapped in Sol-gel silica[J]. Journal of Photochemistry and Photobiology A:Chemistry,1998,118(1):25-30.

[95] MORIN A M,XU W Y,DEMAS J N,et al. Oxygen Sensors Based on a Quenching of Tris-(4,7-diphenyl-1,10-phenanthroline)ruthenium(II) in Fluorinated Polymers[J]. Journal of Fluorescence,2000,10(1):7-12.

[96] AMAO Y,OKURA I. Optical oxygen sensing materials:chemisorption film of ruthenium(II) polypyridyl complexes attached to anionic polymer [J]. Sensors and Actuators B-chemical,2003,88(2):162-167.

[97] FULLER Z J,BARE W D,KNEAS K A,et al. Photostability of luminescent ruthenium(II) complexes in polymers and in solution[J]. Analytical Chemistry,2003,75(11):2670-2677.

[98] FLORESCU M,KATERKAMP A. Optimisation of a polymer membrane used in optical oxygen sensing[J]. Sensors and Actuators B:chemical, 2004,97(1):39-44.

[99] PAPKOVSKY D B,PONOMAREV G V,TRETTNAK W,et al. Phosphorescent complexes of porphyrin ketones:optical properties and application to oxygen sensing [J]. Analytical Chemistry, 1995, 67 (22): 4112-4117.

[100] GILLANDERS R N,TEDFORD M C,CRILLY P J,et al. Thin film Dissolved oxygen sensor based on platinum octaethylporphyrin encapsulated in an elastic fluorinated polymer[J]. Analytica Chimica Acta,2004, 502(1):1-6.

[101] BORISOV S M,VASIL'EV V V. New optical sensors for oxygen based on phosphorescent cationic water-soluble Pd(II),Pt(II),and Rh(III) porphyrins[J]. Journal of Analytical Chemistry,2004,59(2):155-159.

[102] CARRAWAY E,DEMAS J N,DEGRAFF B. Photophysics and oxygen quenching of transition-metal complexes on fumed silica[J]. Langmuir, 1991,7(12):2991-2998.

［103］ ISHIJI T, KUDO K, KANEKO. Microenvironmental studies of an Ru(bpy)$_3^{2+}$ luminescent probe incorporated into Nafion film and its application to an oxygen sensor［J］. Sensors and Actuators B-chemical, 1994,22(3):205-210.

［104］ XU W Y, SCHMIDT R, WHALEY M, et al. Oxygen sensors based on luminescence quenching:interactions of pyrene with the polymer supports［J］. Analytical Chemistry, 1995,67(18):3172-3180.

［105］ LEE S K, OKURA I. Optical sensor for oxygen using a porphyrin-doped Sol-gel glass［J］. The Analyst, 1997,122(1):81-84.

［106］ MURTAGH M T, SHAHRIARI M R, KRIHAK M. A study of the effects of organic modification and processing technique on the luminescence quenching behavior of Sol-Gel oxygen sensors based on a Ru(Ⅱ) complex［J］. Chemistry of Materials, 1998,10(12):3862-3869.

［107］ DIMARCO G, LANZA M. Optical solid-state oxygen sensors using metalloporphyrin complexes immobilized in suitable polymeric matrices［J］. Sensors and Actuators B-chemical, 2000,63(1):42-48.

［108］ AMAO Y, ASAI K, OKURA I. Oxygen sensing based on lifetime of photoexcited triplet state of platinum porphyrin-polystyrene film using time-resolved spectroscopy［J］. Journal of Porphyrins and Phthalocyanines, 2000,4(3):292-299.

［109］ AMAO Y, TABUCHI Y, YAMASHITA Y, et al. Novel optical oxygen sensing material:metalloporphyrin dispersed in fluorinated poly(aryl ether ketone) films［J］. European Polymer Journal, 2002,38(4):675-681.

［110］ TANG Y, TEHAN E C, TAO Z Y, et al. Sol-Gel-derived sensor materials that yield linear calibration plots, high sensitivity, and long-term stability［J］. Analytical Chemistry, 2003,75(10):2407-2413.

［111］ AMAO Y, OKURA I. Optical oxygen sensing materials:chemisorption film of ruthenium(II) polypyridyl complexes attached to anionic polymer［J］. Sensors and Actuators B-chemical, 2003,88(2):162-167.

［112］ KAUTSKY H. Energie-Umwandlungen an Grenzflächen, Ⅳ. Mitteil.: H. Kautsky und A. Hirsch:Wechselwirkung zwischen angeregten Farbstoff-Molekülen und Sauerstoff［J］. Berichte Der Deutschen Chemischen

Gesellschaft (A and B Series),1931,64(10):2677-2683.

[113] BACON J R,DEMAS J N. Determination of oxygen concentrations by luminescence quenching of a polymer-immobilized transition-metal complex[J]. Analytical Chemistry,1987,59(23):2780-2785.

[114] MILLS A,LEPRE A. Controlling the response characteristics of luminescent porphyrin plastic film sensors for oxygen[J]. Analytical Chemistry,1997,69(22):4653-4659.

[115] MURTAGH M T,SHAHRIARI M R,KRIHAK M. A study of the effects of organic modification and processing technique on the luminescence quenching behavior of Sol-Gel oxygen sensors based on a Ru(II) complex[J]. Chemistry of Materials,1998,10(12):3862-3869.

[116] AMAO Y,ASAI K,OKURA I,et al. Platinum porphyrin embedded in poly(1-trimethylsilyl-1-propyne) film as an optical sensor for trace analysis of oxygen[J]. The Analyst,2000,125(11):1911-1914.

[117] CHEN C Y,BURKETT S L,LI H X,et al. Studies on mesoporous materials II. Synthesis mechanism of MCM-41[J]. Microporous Materials,1993,2(1):27-34.

[118] FIROUZI A,KUMAR D,BULL L M,et al. Changing the composition of the synthesis mixture can change the type of self assembled structure that is formed [J]. Science,1995,267:1138-1143.

[119] FIROUZI A,ATEF F,OERTLI A G,et al. Alkaline lyotropic silicate-surfactant liquid crystals [J]. Journal of the American Chemical Society,1997,119(15):3596-3610.

[120] REGEV O. Nucleation events during the synthesis of mesoporous materials using liquid crystalline templating[J]. Langmuir,1996,12(20):4940-4944.

[121] HUO Q,MARGOLESE D I,CIESLA U,et al. Generalized synthesis of periodic surfactant/inorganic composite materials[J]. Nature,1994,368(6469):317-321.

[122] EDLER K J,WHITE J W. Room-temperature formation of molecular sieve MCM-41[J]. Journal of the Chemical Society,Chemical Communications,1995(2):155.

[123] CHATTERJEE M,IWASAKI T,HAYASHI H,et al. Room-tempera-ture formation of thermally stable aluminium-rich mesoporous MCM-41 [J]. Catalysis Letters,1998,52:21-23.

[124] WU C G,BEIN T. Microwave synthesis of molecular sieve MCM-41[J]. Chemical Communications,1996(8):925.

[125] LIN W,CHEN J,SUN Y,et al. Bimodal mesopore distribution in a silica prapared by calcining a wet surfactant-containing silicate gel [J]. Chem. Commun. ,1995,2367-2368.

[126] FYFE C A,FU G Y. Structure organization of silicate polyanions with surfactants:a new approach to the syntheses,structure transformations, and formation mechanisms of mesostructural materials[J]. Journal of the American Chemical Society,1995,117(38):9709-9714.

[127] GALLIS K W,LANDRY C C. Synthesis of MCM-48 by a phase trans-formation process[J]. Chemistry of Materials,1997,9(10):2035-2038.

[128] YANG P D,ZHAO D Y,MARGOLESE D I,et al. Generalized syntheses of large-pore mesoporous metal oxides with semicrystalline frameworks [J]. Nature,1998,396(6707):152-155.

[129] ZHAO D Y,FENG J L,HUO Q,et al. Triblock copolymer syntheses of mesoporous silica with periodic 50 to 300 angstrom pores[J]. Science, 1998,279(5350):548-552.

[130] NEWALKAR B L,KOMARNENI S,KATSUKI H. Rapid synthesis of mesoporous SBA-15 molecular sieve by a microwave-hydrothermal process[J]. Chemical Communications,2000(23):2389-2390.

[131] NEWALKAR B L,KOMAMENI S. Simplified synthesis of mieropore-free mesoporous siliea,SBA-15,under mierowave-hydrothermal condi-tions [J]. Chem. Comm. ,2002,(16):1774-1777.

[132] NEWALKAR B L,KOMARNENI S. Control over microporosity of or-dered microporous-mesoporous silica SBA-15 framework under micro-wave-hydrothermal conditions:effect of salt addition[J]. Chemistry of Materials,2001,13(12):4573-4579.

[133] HWANG Y K,CHANG J S,KWON Y U,et al. Microwave synthesis of cubic mesoporous silica SBA-16[J]. Microporous and Mesoporous Mate-

rials,2004,68(1/2/3):21-27.

[134] HUO Q,LEON R,PETROFF P M,et al. Mesostructure design with gemini surfactants:supercage formation in a three-dimensional hexagonal array[J]. Science,1995,268:1324-1327.

[135] 张兆荣,索继栓,张小明,等. 介孔硅基分子筛研究新进展[J]. 化学进展,1999,11(1):11-20.

[136] WU C,BEIN T. Conducting polyaniline filaments in a mesoporous channel host[J]. Science,1994,264:1757-1759.

[137] BURCH R,CRUISE N,GLEESON D,et al. Surface-grafted manganese-oxo species on the walls of MCM-41 channels:a novel oxidation catalyst [J]. Chem. Commun. ,1996(8):951-952.

[138] FANG M,WANG Y,ZHANG P,et al. Spectroscopic and vapochromic properties of MCM-48-entrapped trisbipyridineruthenium (Ⅱ)[J]. Journal of Luminescence,2000,91(1/2):67-70.

[139] ZHANG P,GUO J H,WANG Y,et al. Incorporation of luminescent tris (bipyridine) ruthenium(Ⅱ) complex in mesoporous silica spheres and their spectroscopic and oxygen-sensing properties[J]. Materials Letters,2002,53(6):400-405.

[140] LIM M H,BLANFORD C F,STEIN A. Synthesis of ordered microporous silicates with organosulfur surface groups and their applications as solid acid catalysts[J]. Chemistry of Materials,1998,10(2):467-470.

[141] FAN H Y,LU Y F,STUMP A,et al. Rapid prototyping of patterned functional nanostructures[J]. Nature,2000,405:56-60.

[142] XU W,GUO H Q,AKINS D L. Aggregation of Tetrakis(p-sulfonatophenyl)porphyrin within Modified Mesoporous MCM-41[J]. The Journal of Physical Chemistry B,2001,105(8):1543-1546.

[143] LIN V S Y,RADU D R,HAN M K,et al. Oxidative polymerization of 1,4-diethynylbenzene into highly conjugated poly (phenylene butadiynylene) within the channels of surface-functionalized mesoporous silica and alumina materials[J]. Journal of the American Chemical Society,2002,124(31):9040-9041.

[144] SUBBIAH S,MOKAYA R. Synthesis of transparent and ordered meso-

porous silica monolithic films embedded with monomeric zinc phthalocy-anine dye[J]. Chemical Communications, 2003(7):860-861.

[145] WARK M, ROHLFING Y, ALTINDAG Y, et al. Optical gas sensing by semiconductor nanoparticles or organic dye molecules hosted in the pores of mesoporous siliceous MCM-41[J]. Physical Chemistry Chemical Physics, 2003, 5(23):5188-5194.

[146] SIMONS C, HANEFELD U, ARENDS I W C E, et al. Noncovalent anchoring of asymmetric hydrogenation catalysts on a new mesoporous aluminosilicate:application and solvent effects[J]. Chemistry:A European Journal, 2004, 10(22):5829-5835.

[147] HUH S, CHEN H T, WIENCH J W, et al. Controlling the selectivity of competitive nitroaldol condensation by using a bifunctionalized mesoporous silica nanosphere-based catalytic system [J]. Journal of the American Chemical Society, 2004, 126:1010-1011.

[148] ALVARO M, CORMA A, DAS D, et al. Single-step preparation and catalytic activity of mesoporous MCM-41 and SBA-15 silicas functionalized with perfluoroalkylsulfonic acid groups analogous to Nafion? [J]. Chem Commun, 2004(8):956-957.

[149] YUI T, TSUCHINO T, ITOH T, et al. Photoinduced one-electron reduction of MV^{2+} in titania nanosheets using porphyrin in mesoporous silica thin films[J]. Langmuir, 2005, 21(7):2644-2646.

[150] HUH S, CHEN H, WIENCH J W, et al. Cooperative catalysis by general acid and base bifunctionalized mesoporous silica nanospheres[J]. Angewandte Chemie, 2005, 44(12):1826-1830.

[151] GUO X M, SHI T S. Preparation and characterization of the self-aggregated dimer of meso-p-hydroxyphenylporphyrin and studies on the self-aggregate reaction mechanism[J]. Journal of Molecular Structure, 2006, 789(1/2/3):8-17.

[152] 郭喜明,苏连江,于连香,等. L-谷氨酸桥联的卟啉二联体的合成和表征及其 CD 光谱研究[J]. 高等学校化学学报,2006,27(3):410-413.

[153] 孙园园,连文慧,王建成,等. 以反丁烯二酰氯桥联的 10,15,20-三(对-氯代苯基)卟啉二联体及其配合物的合成与性质研究[J]. 化学学报,2011,

69(20):2465-2470.

[154] CHENG X L,LI Y,SHI Y H,et al. Synthesis,characterization and electrochemistry of succinyloxyl-bridged metal-free and transition metal porphyrin dimers[J]. Synthesis and Reactivity in Inorganic and Metal-Organic Chemistry,2006,36(9):673-679.

[155] THOMAS D W,MARTELL A E. Tetraphenylporphine and some para-substituted derivatives1,2[J]. Journal of the American Chemical Society,1956,78(7):1335-1338.

[156] INOKUMA Y,OSUKA A. Meso-porphyrinyl-substituted porphyrin and expanded porphyrins[J]. Organic Letters,2004,6(21):3663-3666.

[157] 孙二军,王栋,程秀利,等.5,10,15,20-四(对-十四酰亚胺基苯基)卟啉及其锰、锌配合物的合成及性质[J].高等学校化学学报,2007,28(7):1208-1213.

[158] PAULAT F,PRANEETH V K K,NÄTHER C,et al. Quantum chemistry-based analysis of the vibrational spectra of five-coordinate metalloporphyrins [M(TPP)Cl][J]. Inorganic Chemistry, 2006, 45(7): 2835-2856.

[159] KRONICK M N,GROSSMAN P D. Immunoassay techniques with fluorescent phycobiliprotein conjugates[J]. Clinical Chemistry,1983,29(9):1582-1586.

[160] ZHENG W,SHAN N,YU L X,et al. UV-visible,fluorescence and EPR properties of porphyrins and metalloporphyrins[J]. Dyes and Pigments,2008,77(1):153-157.

[161] QUIMBY D J,LONGO F R. Luminescence studies on several tetraarylporphins and their zinc derivatives[J]. Journal of the American Chemical Society,1975,97(18):5111-5117.

[162] GAO J Z,YANG W,KANG J W. Spectroscopic Properties of the Lanthanide Complexes in Aqueous Solution [M]. Xi'an:University of Electronic Science and Technology of China Press,1995:41.

[163] SHI L F,LI B,YUE S M,et al. Synthesis,photophysical and oxygen-sensing properties of a novel bluish-green emission Cu(Ⅰ)complex[J]. Sensors and Actuators B:Chemical,2009,137(1):386-392.

[164] LAKOWICZ J R. Principles of Fluorescence Spectroscopy [M]. New York:Plenum Press,1999:89.

[165] ZHAO Z X,XIE T F,LI D M,et al. Lanthanide complexes with acetyla-cetonate and 5,10,15,20-tetra[Para-(4-flourobenzoyloxy)-meta-ethyl-oxy]phenylporphyrin[J]. Synthetic Metals,2001,123(1):33-38.

[166] LEI B F,LI B,ZHANG H R,et al. Synthesis,characterization,and oxy-gen sensing properties of functionalized mesoporous SBA-15 and MCM-41 with a covalently linked ruthenium(II) complex[J]. Journal of Phys-ical Chemistry C,2007,111(30):11291-11301.

[167] MACCRAITH B D,MCDONAGH C M,O'KEEFFE G,et al. Fibre optic oxygen sensor based on fluorescence quenching of evanescent-wave ex-cited ruthenium complexes in Sol-gel derived porous coatings[J]. The Analyst,1993,118(4):385-388.

[168] XU W Y,SCHMIDT R,WHALEY M,et al. Oxygen sensors based on luminescence quenching:interactions of pyrene with the polymer sup-ports[J]. Analytical Chemistry,1995,67(18):3172-3180.

[169] CARRAWAY E R,DEMAS J N,DEGRAFF B,et al. Photophysics and photochemistry of oxygen sensors based on luminescent transition-metal complexes[J]. Analytical Chemistry,1991,63(4):337-342.

[170] LAKOWICZ J R. Principle of Fluorescence Spectroscopy[M]. New York,Plenum:1986.

[171] MACCRAITH B D,MCDONAGH C M,O'KEEFFE G,et al. Fibre optic oxygen sensor based on fluorescence quenching of evanescent-wave ex-cited ruthenium complexes in Sol-gel derived porous coatings[J]. The Analyst,1993,118(4):385-388.

[172] ZHAO D Y,SUN J Y,LI Q Z,et al. Morphological control of highly or-dered mesoporous silica SBA-15 [J]. Chemistry of Materials, 2000, 12(2):275-279.

[173] SUN L N,ZHANG H J,PENG C Y,et al. Covalent linking of near-in-frared luminescent ternary lanthanide (Er^{3+} ,Nd^{3+} ,Yb^{3+}) complexes on functionalized mesoporous MCM-41 and SBA-15 [J]. The Journal of Physical Chemistry B,2006,110(14):7249-7258.